石油工程安全事故案例

OIL ENGINEERING SAFETY ACCIDENT CASES

魏学成 马强 编著

国际篇

中国石化出版社
HTTP://WWW.SINOPEC-PRESS.COM

图书在版编目（CIP）数据

石油工程安全事故案例．国际篇 / 魏学成，马强编著．
—北京：中国石化出版社，2021.5（2021.8重印）
ISBN 978-7-5114-6265-7

Ⅰ．①石… Ⅱ．①魏… ②马… Ⅲ．①石油化工
企业—安全事故—案例—世界 Ⅳ．① TE687.3

中国版本图书馆 CIP 数据核字（2021）第 075901 号

中国石化出版社出版发行

地址：北京市东城区安定门外大街 58 号
邮编：100011　电话：（010）57512500
发行部电话：（010）57512575
http://www.sinopec-press.com
E-mail:press@sinopec.com
北京柏力行彩印有限公司印刷
全国各地新华书店经销
*
710×1000毫米 16 开本 10 印张 200 千字
2021 年 6 月第 1 版　2021 年 8 月第 2 次印刷
定价：98.00 元

编　委　会

前　言

　　2021 年，中石化胜利石油工程有限公司 70 余支队伍、约 1000 名中方员工、1000 名外籍员工将在沙特阿拉伯、科威特、尼日利亚、墨西哥、土库曼斯坦、孟加拉国等多个国家执行 30 余个石油工程项目。"十四五"期间，胜利石油工程有限公司聚焦高质量发展，构建胜利本部、国内、国际 5:3:2 市场战略布局，要实现这一战略目标，HSSE 是基础和保障。境外市场面临不断演变的社会安全、公共卫生、自然灾害、事故灾难等公共安全风险，石油工程具有野外独立、流动分散、多工种、多工序、立体交叉、体力劳动强度大、连续作业等行业特点，境外现场直接作业环节增加了文化沟通、语言交流、环境、饮食迥异、监管环境差异大、保障和应急资源受限等困难，员工身心健康面临工作生活节奏单一、交际闭塞、自我调适受限等难题，诸多因素加大了 HSSE 工作难度。

　　多年来，境外项目国中资企业 HSSE 事件多发，胜利石油工程有限公司牢固树立"发展不能以牺牲安全为代价"的理念，组织专门力量编制本书，由境外项目收集案例，涉外部门语言翻译，HSSE 专家分类汇总。每起事故事件案例分为事故概述、事故原因、防范措施三部分，图文并茂，通俗易懂，便于读者获取安全信息，持续提升境外员工的 HSSE 意识、知识和能力，推进境外员工 HSSE 岗位风险管控、隐患排查治理能力再上新台阶。

　　由于编者水平有限，部分事故事件案例原始资料不够完善和翔实，书中内容可能存在不足和缺陷，敬请各位读者批评指正。

目 录
CONTENTS

起重伤害事故（共4例）

物体打击事故（共26例）

机械伤害事故（共19例）

高处坠落事故（共17例）

火灾爆炸事故（共 5 例）

交通事故（共 15 例）

车辆伤害事故（共4例）

其他事故（共6例）

公共安全事件（共6例）

SERIOUS INJURY ACCIDENT

起重伤害事故

（共 4 例）

某单位安装过程中起重事故

事故概述

2018 年 1 月 17 日，第三方 Hetco 公司起重机起吊节流歧管，操作员操作起重机吊起节流歧管，节流歧管上有牵引绳，但是没人使用牵引绳控制吊物摆动。在操作起重机下放时，吊物发生摆动，节流歧管的扶手与起重机的挡风玻璃碰撞，导致挡风玻璃破碎。虽没有人员伤亡，但有设备／资产损坏。可能的后果：如果节流歧管撞击操作员，可能会造成人身伤害甚至死亡事故。

事故原因

（1）没有现场安全监督，不遵守吊装规则和程序：未使用牵拉绳。没有相关人员来牵引负载，没有专业人员到场指挥吊车操作。

（2）工作安全分析 (JSA) 没有正确执行。虽然 JSA 指令要求工作人员或持证人员必须在现场来吊装货物，但却没有人去做这项工作。

（3）程序执行不到位：起重机操作员知道必须有工作人员或持证人员在现场指挥才可以操作，但却没有执行。

Hetco 公司起重机被砸碎的窗户

（4）承包商汇报不及时。事件发生在 22:30，但没有及时报告，直到第二天 7:00 才汇报给甲方。

预防措施

（1）钻井承包商启动 HSE 事件报告和调查程序，编写安全事故警示。

（2）与钻井承包商和第三方一起审查并修订关键吊装计划和程序。

（3）每一次操作现场至少有两名具有专业资质的人员在场。

某平台吊装过程中挤手伤害事故

事故概述

2007 年 6 月 20 日，下完 18⅝in 套管后，下套管工具被移出钻台。钻工配合左舷后起重机司机下放 18⅝in 套管卡瓦到悬臂梁甲板上，吊装过程中手被套管卡瓦和右舷管排旁的齿轮轨道挤伤。

事故原因

1. 直接原因

下放套管卡瓦时，钻工手所放置的位置错误。

2. 根本原因

对吊装过程中的危险分析不到位。

预防措施

（1）员工安全会上，就此次事故展开了讨论并强调了危险点的安全隐患。

（2）周安全例会上，全体成员观看了幻灯片，展示了工作场所存在的各种危险，并针对不同的情况如何进行安全处置开展了讨论。

某平台吊装套管起重伤害事故

事故概述

2016 年 3 月 7 日，某海上平台进行套管吊运作业。操作员站在套管旁准备吊索时，套管突然发生滑动，将操作员的腿压住。花了 15min 时间才将伤者解救出来。在整个事件中，伤者一直很清醒，但是感觉腿部剧烈疼痛。一架直升飞机将伤者送至岸上医院进行进一步治疗。

事故原因

（1）在发生事故之前 / 期间，伤者的位置如下图所示，所站的位置很明显是危险区域。

（2）捆扎套管的绳索很松弛，导致套管捆扎不稳定，发生滑动压到操作员。

预防措施

（1）在船上举行简报会，并安排将船只返回港口进行全面调查。

（2）尽可能与管状货物保持安全距离。

（3）尽可能使用吊钩或类似物品进行吊索处理。

（4）确保正确固定管状货物以保持货物稳定性。

之前　　　　　　　　　　　　　　　　之后

某平台单轨起重机掉落事故

事故概述

2013 年 6 月 13 日，某海上平台，工人们使用单轨龙门起重机，准备把 250kg 生活淡水泵从机舱车间重新安置到三层甲板上。施工过程中，起重机从 3m 高的单轨上脱离，掉落在下面的甲板上，起重机砸到距离操作员不到 1m 的地方。操作员距离吊物过近，可能会砸到操作员导致受伤甚至死亡。水泵可能掉落在甲板边缘，再掉到 30m 以下的机舱里，造成严重的设备损坏或人员伤亡。

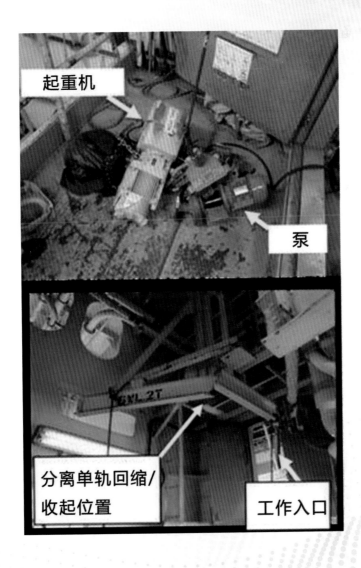

事故原因

（1）此龙门起重机单轨存在设计隐患，没有设计锁销装置，当起重机移到轨道的末端时会从轨道上脱开，导致起重机掉落。

（2）事故发生前已经检查出了风险，但是没有采取有效的整改措施。

（3）缺少对此装置进行风险评估和专门的操作规程。

（4）起重机操作人员缺乏适当的培训或不具备操作此设备的能力。

预防措施

（1）检查此钻井平台上的所有吊装装置。

（2）审查单轨起重机的工程设计，以确定是否继续使用、拆除或更换。

（3）维修车间的所有工作应纳入综合安全管理系统 。

（4）确保从事高风险工作的起重机操作人员，拥有操作证书和具备相适应的操作起重机的能力。

（5）进行人为因素和 HSE 文化分析。

DROPPED OBJECT ACCIDENT
物体打击事故

（共 26 例）

某井队下钻过程中物体打击导致头部受伤事故

事故概述

2014 年 6 月 25 日，某井队进行带测井工具的 5½in 钻具下钻作业，卸钻具上的带过滤器的转换接头时，1 名钻工把一个连接好气葫芦绳子的提升护丝拧到配合接头上，并开始用铁棍紧护丝的扣，同时另一名钻工在操作铁钻工卸配合接头的下端公扣，铁钻工旋转导致第一名钻工手中的铁棍脱手飞出，另一名钻工的头部先被铁棍击中，然后又撞击到铁钻工控制架上，导致头部受伤。作业停工。

事故原因

（1）没有正确识别危险因素。

（2）停工授权没有执行。

（3）监督不力。

（4）使用不当工具。

预防措施

（1）审查工作安全分析，正确识别并消除工作中存在的风险。

（2）员工应及时叫停不安全行为，以避免事故发生。

（3）井队高岗应加强关键作业环节的监督。

某单位搬迁过程中索具断裂打击事故

事故概述

2019 年 8 月 29 日大约 8:00, 井队正在进行搬迁作业。GOFSCO 公司监督注意到钻机搬迁道路上沙子堆积得很厚, 所以他停止了前进并通知了 KOC 公司代表派一个工作小组去检查钻机搬迁道路。工作小组到达, GOFSCO 公司监督解释这个卡车比那些卡车更宽和更重, 这种情况不能通过那个区域, KOC 公司主管和 GOFSCO 公司监督协商后同意尝试通过此路段。当 GOFSCO 公司分包商司机试图通过时, 卡车被困住了 (8:30) 无法移动。为了将卡车从沙子里拖出来, KOC 公司主管安排了一个第三方承包商的装货机用锁链去拉出卡车。在拉卡车的过程中锁链断裂, 撞在卡车的挡风玻璃上, 然后碰到卡车驾驶员右侧肩膀, 挡风玻璃破碎, 驾驶员右肩外侧受轻微瘀伤 (9:15), 受伤司机首先被送往 Burgan 综合诊所进行急救, 然后送到阿赫马迪医院做进一步检查, 出院治疗报告显示伤势只是一些小瘀伤, 右肩没有骨折。卡车挡风玻璃破碎。

事故原因

（1）没有正确使用拖拽设备。

（2）使用有缺陷和未经认证的锁链。

（3）拖拽方法不正确。

预防措施

（1）牵引设备是根据被拖车辆可被拖的最大重量来评定的。

（2）对于重型卡车或罐车，要使用实心拖杆；如果为了避开松软的路面致使车辆距离过远，则使用吊装用绳套而不是锁链。

（3）如果拖拽一辆轻型车辆，使用经过认证的拖带或链条，不能用钩子连接链条和车辆，要把链条固定牢固。

（4）如果不确定如何安全拖车，不要去尝试，寻求专业人士的帮助。

（5）确保拖车作业时，该区域内没有其他人员。

（6）拖拽车辆伴随着能源释放的风险。将车辆从卡住的位置拖拽出来需要相当大的能量。在拖拽过程中能量的释放会导致投射物对人和设备造成严重伤害。

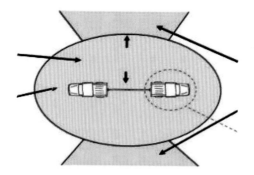

（7）不要站在拖带或吊装绳套长度的两倍距离范围内，在车辆前后都要拉上警戒线。除拖车司机外，其他人应远离现场避免受到潜在溅射碎片伤害风险。

某司机卸车过程中货物散落砸伤手臂事故

事故概述

2006年11月25日，正在进行钻机搬迁作业。吊装工人将火炬管线和管排装上卡车，管排堆放在火炬管线上方，卡车司机紧固铁链捆扎好货物。前往新井位途中，管排滑动，铁链松动吃劲。抵达新井位后，司机松动铁链时，管排突然翻转，砸伤司机双臂。

事故原因

1. 直接原因

（1）装载不当，将管排放在其他管线上方，运输过程中发生滑动。

（2）卸货不当，在管排发生滑动的情况下，未及时辨识出潜在的风险。

2. 根本原因

（1）领导和监督不力。

（2）缺乏经验。

（3）危害识别能力不够。

预防措施

（1）暂停搬迁，召开所有井队人员安全会议。

（2）召开所有 KCT 公司装卸工和司机安全会议。

（3）指令 DPS 公司安全监督全程监控 KCT 公司装卸工人装货卸货过程。

（4）指令 KCT 公司培训其所有卡车司机并确保其有足够作业经验。

（5）给所有 DPS 井队发出安全警报，并要求组织全体员工立即开展大讨论。

某井队安装过程中管线脱落砸伤手指事故

事故概述

2007年6月23日18:15，钻机平移后，副司钻和井架工被派去接一根6ft长的4in水泥管线，受伤员工配合井架工一起抬起这根水泥管线以方便副司钻上紧由壬。因由壬卡死，井架工离开去取榔头，而副司钻则继续尝试松动由壬。突然，由壬松动脱开，副司钻因未正确判断水泥管线质量，导致水泥管线从副司钻左侧1ft的高度掉下砸到手指，导致副司钻中指中间部位骨折。

事故原因

（1）缺乏监督。
（2）任务冲突。
（3）缺乏技巧。
（4）错误指导。
（5）管理缺失。

预防措施

（1）HSE警告和培训教程发给所有ADC井队。

（2）针对防止手指受伤和SIPP身体控制技巧进行再培训。

（3）井场所有人员停工1h进行事故经验教训分享。

（4）在井队实施导师带徒制度。每名资历不到1年（含1年）的员工安排1名指导师傅。

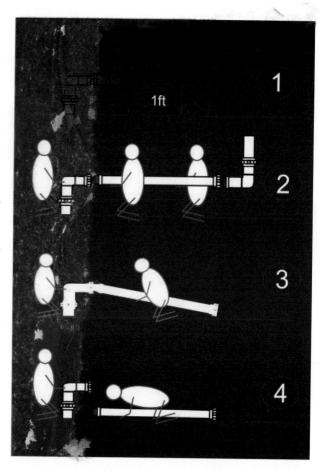

某井队油桶跌落击伤手指事故

事故概述

2007 年 9 月 14 日 20:50，井队人员正在将油桶摆放进油桶架。机械师使用叉车将一个油桶横着放进架子，但未居中摆正。钻工决定用左手将油桶推到合适位置，同时右手放在架子横梁上。推的过程中油桶滑落，钻工右大拇指被油桶锋利边缘和架子横梁挤伤，导致其右大拇指末端指骨被截肢。

事故原因

1. 直接原因

（1）程序不充分或缺失。

（2）钻工站位和手放置的位置不当。

2. 根本原因

（1）监管不力。

（2）工作环境预判不足。

（3）工作安排不充分。

预防措施

（1）停工，召开全体员工安全会议。

（2）针对摆放油桶作业，开展工作安全分析。

（3）改造所有油桶架，便于叉车作业。

（4）通知 DPS 公司各井队整改油桶架。

（5）向 DPS 公司所有井队发出安全警报，要求立即开始全员大讨论。

某井队角磨机盘片碎裂导致手部受伤事故

事故概述

2011 年 6 月 25 日，在进行切断卷料架连接杆时，一开始使用钢锯切割，但速度非常的慢，井队人员决定使用角磨机进行切割。他们将角磨机外侧的保护罩去掉，以便能安装上更大的切割盘片。当准备好进行切割作业时，高速旋转的切割盘片一接触物体就崩碎了，破碎的切割片崩到操作人员的手上，造成切割人员左手深度割伤。

事故原因

1. 直接原因

（1）保护装置被移除，并且安装了过大的切割盘片。

（2）使用的切割盘片的额定速度小于角磨机的转速。

2. 根本原因

（1）风险识别不到位，未能分析出工作中潜在的风险。

（2）工作许可制度未执行。

（3）对电动工具安全知识了解不足，特别是角磨机速度匹配知识不足。

预防措施

（1）对全部的角磨机进行检查，特别是对防护罩和磨光盘片是否与角磨机速度匹配的检查；各平台重新审定角磨机的安全使用规程并做好 JSA 分析。

（2）对事故进行通报。

（3）在安全周会上，对手持式角磨机的安全操作进行全员宣贯。

（4）进一步加强作业许可制度的执行力度，在签发作业许可之前，一定对工作任务、方法、劳保、潜在的风险进行充分识别，确保作业安全。

某井队敲击扳手伤手打击事故

事故概述

2011 年 10 月 6 日，井队员工正在更换防喷器上闸板，为了更快、更省力地松开侧门螺栓，员工将敲击扳手打上后用气动绞车连接吊带并拴住扳手尾部后拉紧。当敲击扳手打好并拉紧后，受伤员工开始用榔头敲击扳手。当他敲击的时候螺栓突然松动，由于气动绞车拴着扳手尾部并处于拉伸状态，螺栓的突然松动造成拉力瞬时释放，扳手弹起砸到了员工的手上，造成员工右手手指受伤。

事故原因

1. 直接原因

（1）风险识别不到位，未能识别用气动绞车拉敲击扳手存在的风险。

（2）工具使用不当，拆卸侧门螺栓没有使用扭力扳手或液压扳手等工具。

2. 根本原因

（1）对此次工作没有做 JSA 分析，工作时没有使用合适的工具。

（2）监督不力，在没有做 JSA 分析的情况下进行作业，并且没有确认工具使用是否正确。

预防措施

（1）严格 JSA 工作安全分析制度，并不断地对员工进行培训，提高风险识别能力。

（2）工具应妥善保养和存储，确保随时可用。

（3）工作前，充分检查并确保工具和设备安全、可用。

（4）工作前安全会上，重点强调领导责任，确保工作安排安全、到位。

某单位装配过程中工具掉落伤人事故

事故概述

2010 年 11 月 2 日，员工正在工具架上装配工具（工具长 5m，重 140kg），当工具最后装配完成时，装配人员需要将工具转动一下。转动工具时，工具末端偏离工具架，致使整个工具串从工具架上掉落下来，砸到了员工的右胳膊，导致右臂骨折。

事故原因

1. 直接原因

（1）工具架没有安装防止工具横向移动的挡杠。

（2）员工没有意识到工具在转动过程中可能存在掉落的风险。

2. 根本原因

（1）设备设计不合理，本质安全存在问题，设备本身滚轴的槽太浅并且没有设计横向防护装置。

（2）操作规程存在问题，JSA 和工作安全会上，没有识别工具移动时潜在的安全风险。

预防措施

（1）对工具架进行整改，在工具架边上安装金属挡杠，防止工具从工具架边上掉落。

（2）将操作规程张贴到工具架上，并确保使用时，安全挡销已经安装到位。

（3）重新进行 JSA 分析，充分分析工作中潜在的安全风险。

（4）将此事件在安全会上进行通报。

（5）提高设备和工具自动化水平，减少人工操作。

（6）向工具架的供应商及其他使用单位通报设备存在的设计缺陷。

某井队维修过程中物体打击伤腿事故

事故概述

2019 年 11 月，在进行返排作业之前更换 6in 的蝶阀时，井架工准备用带有扩张装置的恩派克液压千斤顶撑开法兰以对齐并安装第一个螺栓。此时，司钻给液压千斤顶手动打压以撑开法兰。打到第四下时，扩张器钳口突然弹出并撞到井架工的右小腿，导致胫骨骨折。

事故原因

（1）工具 / 设备选择不当：作业使用了不合适的工具。

（2）未进行作业前工具检查：千斤钳口上的油脂 / 灰尘 / 污垢会导致钳口滑动。

（3）人员站位不当。

（4）不全面的风险评估。

预防措施

（1）确定更换蝶阀的正确方法。

（2）更新培训计划，包括使用手动加压工具和扩张工具的内容培训。

（3）日常维保应包括扩张工具和液压千斤顶。

某井队转运钻具过程中物体打击事故

事故概述

2019 年 4 月 9 日 17:30, 井队使用叉车搬运检查过的 4¾in 钻铤。叉着八根钻铤的叉车在离钻具爬犁还有 10ft 的位置停下, 此时钻铤离地面 1ft, 叉车操作员下来调节放置在爬犁内钻铤之间用作垫杠的钢丝绳 (参见附图)。此时, 叉车液压系统出现故障, 叉车上的八个钻铤向爬犁方向滑落, 夹住了操作员的右腿, 导致脚踝上方受伤。

事故原因

直接原因是叉车液压系统故障且伤者处于危险区域。

预防措施

现场急救后, 伤者被转移到贾赫拉医院接受进一步检查和治疗。

调节钢丝绳时操作员的位置

从叉车上滚下来的钻铤

某井队短钻铤掉落物体伤脚打击事故

事故概述

2020 年 2 月 24 日凌晨 4:40，事件发生时的作业任务是从爬犁中取出 10ft 长的 8¼in 的短钻铤（1610bbl）。副司钻和其他员工将挡销从爬犁挡杆中取出，导致短钻铤从爬犁中滑出，并砸到副司钻的脚上，致使脚受伤，随后被送到最近的政府医院（Jahra 医院）进行进一步检查。

事故原因

（1）工人站位不安全。

（2）多人工作配合不当。

预防措施

（1）向甲方（KOC）和科威特管理层报告了该事件。

（2）将伤者送政府医院进行进一步检查。

（3）举行了安全停工会议，并向井队人员通报了该事件。

（4）鼓励班组成员执行停工授权。

（5）提醒班组人员远离不安全位置。

（6）只有指派的人员才能参与作业。

伤者位置

事故后伤者的安全靴

某井队回收防喷器伤手物体打击事故

事故概述

2010年2月11日，井队拆卸钻机并把拆好的设备集中起来，为运回基地做好准备。因防喷器底座未完全卡进吊篮底部卡扣，工程师安排操作员用锤子敲击防喷器底座，同时，慌忙用手指检查对准情况。就在这时，防喷器底座突然下沉，卡进卡扣，工程师右手食指指尖被压断裂。

事故原因

1. 直接原因

未制定计划，匆忙赶工，缺乏有效沟通。

2. 根本原因

（1）风险分析和危险控制不到位。

（2）未发现危险点。

（3）未正确使用工具。

预防措施

（1）下发事故案例，组织分享经验教训。

（2）开展作业安全分析，排查作业危险点。

（3）吊装作业和搬迁安全再培训。

某井队下套管过程中伤手物体打击事故

事故概述

2007年4月26日，中午12点，用ECKEL大钳下9⅝in套管。操作手移动大钳，用左手牵引大钳门框把手向套管短节移动，在靠近套管短节时，左大拇指被夹在大钳门框把手和套管短节之间受伤。

事故原因

1. 直接原因

（1）大钳门框未完全打开。

（2）移动大钳靠近短节时，用力过猛。

（3）站在大钳正面作业。

2. 根本原因

（1）施工作业时，自满自大，没有意识到风险。

（2）易造成伤害部位无危险警告标示。

（3）使用大钳风险评估不到位。

预防措施

（1）停止使用该大钳直至把手喷上危险警示标示。

（2）使用牵引绳牵引大钳。

（3）修订作业安全分析制度，包括如何使用牵引绳牵引大钳。

（4）将该改进措施通报各井队及月度安全例会。

某井队移动铁板伤手物体打击事故

事故概述

2007 年 4 月 13 日 10:15, 吊车司机、带班队长和钻工一起清理存放架上的铁板, 其中有一块 L 型铁板底部被卡住, 随后用榔头进行敲打, 铁板在敲动后因形状原因而发生无规则移动, 倾倒后将钻工手指挤砸在旁边金属护栏上而受伤。

事故原因

1. 直接原因

移动铁板时, 钻工手未放在合适位置。

2. 根本原因

（1）未借助吊车开展此项工作。

（2）铁板存放架设计不合理。

（3）所有参与人员都未识别出潜在危险。

（4）工作安全分析、班前会未开展。

预防措施

（1）铁板存放架安装合适的金属地板。

（2）所有要存放的金属板必须适当修剪后再放入存放架。

（3）召集所有员工开会讨论危险点和手该如何放置。

（4）强调 JSA、PJSM 和 MOC 对所有作业的必要性。

（5）在全公司范围内发出安全警示, 讨论此次事故及采取的预防措施。

（6）发放防范手部受伤培训资料进行学习宣贯。

某井队钻台面搬运工具物体打击伤害

事故概述

2007年6月17日4:40,下钻作业。接完底部钻具组合后,司钻开始下钻,工人开始清理钻台。钻工和井架工一起将110磅的钻头卸扣器从转盘搬到立杆盒后面,在准备放下卸扣器的时候,钻工脚底突然打滑摔倒,因未及时将手从卸扣器把手上撒开,右手中指被卸扣器把手和钻台面挤伤。摔倒时,井架工处于站立姿势把持卸扣器,从而造成卸扣器倾向于摔倒人员一边。

事故原因

(1)未警告和干预:抬物品人员未对钻台湿滑摔倒风险进行讨论。

(2)未识别安全风险:抬物品前,未对湿滑摔倒进行识别。

(3)缺乏认知、经验和技巧:受伤人员作为钻台工人还处在试用期。

(4)缺乏人力工程学考虑:使用绳子代替双手搬运可以避免弯腰和身体过度屈伸。

预防措施

(1)HSE警告和培训教程发给所有ADC井队。

(2)针对防止手指受伤和SIPP身体控制技巧进行再培训。

(3)使用绳索搬运钻头卸扣器,避免非必要身体弯曲和过度屈伸,这样也可以降低事故造成的伤害程度。

(4)钻头卸扣器把手从水平位置改为向上45°角,从而易于抓取并消除手指受伤的安全风险。

(5)复习ERP程序。各井队在因医疗救助发生延误而造成手术成功几率降低的时候,应启动"阿美医疗救助系统"。

(6)总监为所有钻台工人制定一个为期2个月的指导计划。

某井队下钻伤手物体打击事故

事故概述

2010 年 3 月 29 日 23:25，在 4in 加重钻杆下钻过程中，上扣完成，钻工准备将上扣钳退回，此时他的左手正抓在钳子的手柄上，钳子退回过程中，将他的左手挤到了钳子与钻台钻杆立柱中间，导致他左臂桡骨远侧发生骨折。

事故原因

1. 直接原因

手的放置位置不正确。

2. 根本原因

（1）设备本质安全防护不到位。

（2）在 JSA 分析中，没有分析钳子移动过程中存在的相关安全风险。

（3）钳子手柄上没有安装尼龙拉手。

预防措施

（1）重新修订 JSA 分析，增加钳子移动过程中潜在的安全风险。

（2）加强目视化管理，用绿漆标注可以手扶的位置。

（3）在钳子手柄上安装尼龙拉手。

（4）让井队重新安装钳尾桩，使钳子远离钻杆立柱。

某平台吊装工具箱过程中物体打击事故

事故概述

2010年4月20日，井队人员正准备吊装一只钻井工具箱，这只工具箱在一个6m集装箱的旁边，工具箱和集装箱之间有个小的过道，而工具箱另一边是三根短套管，短套管上面放着一个第三方的工具篮。钢丝绳吃紧被拉直，工具箱即将被吊起，场地工抓着牵引绳要从集装箱和工具箱中间的过道通过时，旁边的监督看到工具箱旁边的3根短套管将要移动，他意识到将要有危险发生，立即向场地工大喊"快离开"。此时场地工正面对工具箱，抬起胳膊试图挡住工具箱的移动，但未能成功，强大的冲击力造成他的胳膊骨折。

事故原因

1. 直接原因

（1）仓储场地货物堆放凌乱，无规划。

（2）短套管没有绑扎固定，没有用安全楔块挡住。

（3）场地工将自己置身于危险区域。

2. 根本原因

（1）工具篮底部基础不平整，没有垫木质底盘。

（2）对于仓储场地货物堆放凌乱无检查。

（3）吊装时未按JSA程序执行。

（4）安全管理不到位，没人叫停此项工作。

预防措施

（1）停工24h，回顾安全工作。

（2）停工期间，进行安全强化培训。

（3）对全员进行理论和现场实践的安全风险培训。

（4）安全监督关注井队操作人员的能力水平，对于弱项重点关注并向平台经理汇报。

（5）甲板操作人员必须经过培训并考核合格，否则不得进行吊装作业。

（6）对于此事故，对所有钻井平台及安全相关人员进行通报。

某井队拆顶驱过程中物体打击事故

事故概述

2011年3月18日，井队设备拆迁，一名钻工正在拆除顶驱导轨。这名人员站在井架横梁处，劳保用品穿戴齐全，穿戴了安全带并挂在井架上。当钻工拆除完顶驱导轨的最后一个固定销时，导轨开始晃动（导轨顶部用吊车吊着，两边用气动绞车固定着），该钻工被导轨撞到手臂后立即移动到横梁的一侧。事后，这名钻工感到手臂非常疼痛，去找队医检查，然后前往医院做进一步治疗。经医院诊断，手指轻微骨裂。

事故原因

1. 直接原因

拆除顶驱导轨时未有效固定导轨，导轨晃动撞到钻工导致受伤。

2. 根本原因

（1）未吸取以前设备搬迁时的事故教训，处理措施不当。

（2）对本次操作潜在的风险分析不到位。

（3）操作规程存在问题，导轨的吊装、固定位置不明确，应由生产厂家进行整改。

（4）设备搬迁程序文件中未涉及类似的操作。

（5）设备拆装程序没有重新审定或更新。

预防措施

（1）与相关部门或厂家结合对设备进行改造，提升顶驱设备本质安全。

（2）重新审定设备搬迁程序文件。

（3）将此次事故在公司内进行全员宣贯，吸取事故教训。

某井队下套管人员受伤物体打击事故

事故概述

2019 年 6 月 10 日，下午 3:45 左右，井队用气葫芦从跑道提升 6⅝ in 的加重钻杆单根至钻台，1 名钻工正在钻台面上背向坡道大门操作铁钻工在鼠洞单根上扣，这时从坡道大门摆进来的加重钻杆击中钻工背部。在被加重钻杆击中后，钻工在钻台面上休息恢复了一会，然后前往井场诊所进行了急救和检查。

事故原因

按照科威特石油公司 HSEMS 程序和安全警报以及建议进行详细调查，经验教训将在调查后分发。

预防措施

经过井队医生急救后，伤者被转移到 Jahra 医院进行进一步的检查和治疗。

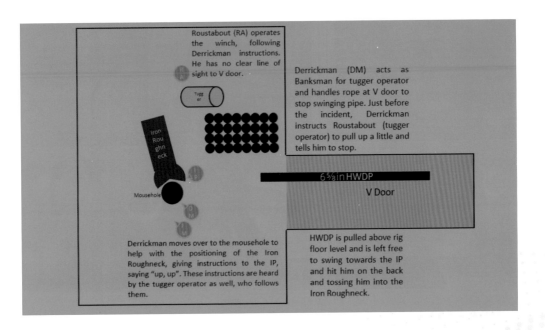

某井队更换钳牙时眼部受伤物体打击事故

事故概述

2011 年 11 月 12 日，一名钻工（伤者）正在钻台面上更换钳头钳牙。他用锤子敲击钳牙时，一块金属飞出并击中了他的右眼。

事故原因

根据 KOC HSEMS 程序，进行详细调查，安全警报以及建议／经验教训在调查后立即分发。

预防措施

伤者立刻被送到队医处急救，然后被救护车送往贾赫拉医院。

某井队下套管灌浆物体打击事故

事故概述

2018年6月24日，BWD151井队正在UG-277井作业。安全会议后，井队员工准备下13⅜in套管。12:25，工人连接好13⅜in第1根套管，4名员工（包括伤者在内）拿着2in高压软管给第1根套管灌浆，突然管线憋压，压力涨到950psi，软管憋跳出套管，击中其中一名员工的脸，摔倒在钻台面上，经现场值班医生急救后从钻台被送上救护车，将其加急送到科威特石油公司西科威诊所，然后用科威特石油公司救护车转到Farwania医院。

高压软管跳出套管，击中伤者的脸部（人身伤害），导致其面部受伤及肩骨骨折，卧床2个月。失去人员安全工作天数记录。公司声誉损失。井队失去LTI奖金。

事故原因

（1）灌浆前，高压软管没有安排进行冲洗和检查。

（2）套管灌浆是钻机现场的一项常规和关键工序，在拿着高压软管灌浆时，没有1名钻工评估到自己处于严重风险威胁下。

（3）井队没有优选使用最安全的灌注泵的套管灌浆操作。

预防措施

（1）可使用计量罐及其低压泵来进行套管灌浆作业，这种方式可使用低压软管。

（2）套管灌浆也可采用顶驱加短节进行。

（3）常规作业活动的JSA应涵盖所有潜在的风险及其控制措施。而且，所有的常规作业活动现有的JSA的审查也是必须进行的，发生变更必须及时改进。

（4）应制定所有常规活动的安全工作程序，并在作业前安全会议上与井队员工讨论。

（5）应为钻机现场使用的所有设备／工具制定有效的预防性维护计划。

（6）班组之间的交接班应通过每日的交接记录妥善进行。班组监督／司钻应确保交接正常进行。

（7）确保钻机现场所有压力级别的软管在使用前进行检查。灌浆时没有人在井口套管周围。

（8）套管灌浆软管应在每次作业之前进行检查，并彻底冲洗，以清除任何沉降的沙子、堵漏材料、水泥结垢等。作业完成后，软管也应彻底冲洗。

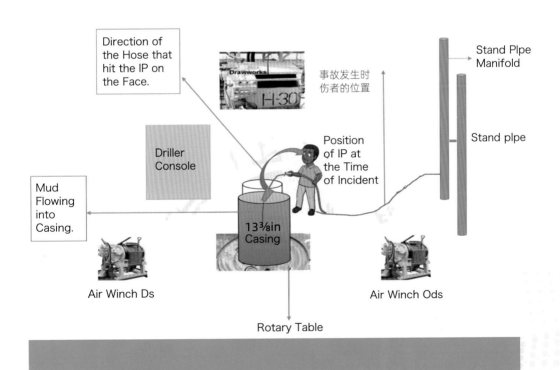

某井队检修过程中物体打击事故

事故概述

2010 年 3 月 15 日 17:00，副司钻在钻台上检查 2 号泄压阀组，拆除某个阀门后发现堵塞，随后右手持铁丝进行疏通，堵塞物松动后刺出泥浆，迫使副司钻迅速收回右手并碰到旁边一阀门上，同时泥浆喷溅到身上和脸上。

事故原因

（1）副司钻未隔离被堵塞阀门上方管线中因立管充满 60ft 高泥浆而产生的压力。

（2）副司钻用手清理堵塞物。

（3）未开具工作许可单。

（4）副司钻未识别出风险。

预防措施

（1）重新组织风险识别培训。

（2）副司钻参加风险评估培训。

（3）井队所有员工回顾此次事故。

（4）开展工作许可培训课程。

（5）组织防手部和手指伤害培训。

某井队拆装防喷器物体打击事故

事故概述

2007 年 5 月 30 日 22:30，井队正在进行安装防喷器作业。一名员工正在基础前方拆 3in 节流管线上的法兰。他用榔头砸扳手松螺栓，司钻站在他面前进行监督。突然榔头从员工手中滑脱，砸到了司钻的左膝盖上。司钻受伤后经驻队医生紧急处理后送到最近医院，经检查未发生骨折，医生建议卧床休息一周。

事故原因

（1）司钻站的位置不合适，他站在榔头运动的轨迹线上，并且距离太近。

（2）安全技能掌握不足，这名员工是一名新手，他对自己进行的操作不熟悉。

（3）监督不力，负责监督的司钻未提示操作员工干活时正确穿戴劳保用品。

（4）这名员工工作时没有戴手套，并且管线里是油基泥浆，非常湿滑，导致榔头从手中滑脱。

预防措施

（1）重复强调，一定按照新人培养计划实施，在给新员工分配任务时充分考虑个人能力，并让老员工带着干。

（2）施工前一定开好安全会，将操作中存在的所有风险都进行识别和传达。

（3）安全监督不得允许不符合操作规程的作业，例如：在安全条件达不到或者没有配备合适的劳保用品时。

（4）再次强调"如果安全条件达不到，任何人都有权拒绝作业"。

某井队起钻过程中铁钻工伤人事故

事故概述

2012 年 7 月 25 日，钻工起钻操作，由于与 4XT39 管的硬连接，施工人员决定使用卸扣钳并锁定到位。钻工站在转盘附近，操作大钳，当连接断开时，断开的电线钩住了铁钻工，击中了钻工的下背部。

事故原因

1. 直接原因

铁钻工没有正确锁定到位。铁钻工的冲击或晃动，使钻工转向孔中心，转动并击中甲板工。

2. 根本原因

未遵循常规程序。工作指南，监督和团队合作需要改进。重复性工作形成的不良习惯。

预防措施

工作人员得到了如何正确锁定／固定铁钻工的指导，司钻应继续监控钻台人员，纠正任何不安全行为，应使用固定铁钻工的辅助设施。与其他钻井平台通报这一事故。

某单位过早拆卸滑轮绳卡物体打击事故

事故概述

2009 年 11 月 29 日，安装钻台滑轮撞击到操作员的脸，造成其轻微挫伤和下颌脱臼。本事故因助手在松开钢丝之前松开了钢丝绳夹。落在润滑器内的工具自身重量导致滑轮上升，撞击了受害人脸部。

事故原因

1. 直接原因

（1）没有遵守相关作业程序。

（2）不熟悉新钻机。

（3）钻机布局与其他钻机不同。

（4）猫道和钻台之间的高差与钢丝绳装配不匹配。

2. 根本原因

（1）未遵循作业程序。

（2）流程不到位或不正确，沟通不到位或理解不正确。

（3）工作场所环境。

预防措施

（1）与作业主管讨论施工方案，以让施工者充分了解可用选项。

（2）与钢丝作业助手讨论装配选项，以使其了解在某些情况下，标准索具程序并不总是正确的装配方法（滑轮吊索的放置）。

（3）开放的讨论使施工者明确，要维持在安全的工作环境中施工。

（4）团队协作，阻止不安全的行为。

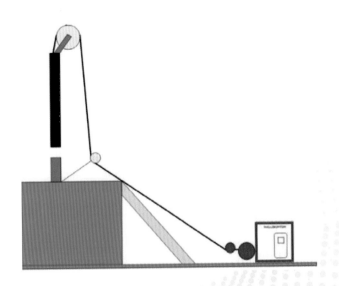

某平台下套管过程中滑跌伤手
物体打击事故

事故概述

2008 年 12 月 3 日，施工内容为下 13⅜ in 套管。监督和一名钻工准备套管接头，之后，这名钻工被安排去指挥吊车，他踩在悬臂梁甲板侧梁上，准备指挥吊车向左转。他向后退的时候，忘记自己站在横梁上面，不小心脚下一滑跌倒在悬臂梁甲板上，左手摔在了另一根侧梁边缘上。不久之后他的手臂开始肿胀。经入院检查后，确诊其左手手腕骨折。

事故原因

1. 直接原因

（1）风险识别不到位。

（2）监管不力。

（3）工作位置不当。

2. 根本原因

（1）现场监控不到位，缺乏指导。

（2）培训不够，缺乏风险识别的能力。

预防措施

（1）与员工讨论给吊车传递信号时的站位。

（2）钻工重新进行安全培训。

（3）识别和标明平台上所有存在滑倒风险的部位。

（4）平台经理召开平台监督人员安全会议。

MECHANICAL ACCIDENT
机械伤害事故
（共 19 例）

某井队设备拆卸过程中
折叠电缆架伤人事故

事故概述

2011 年 11 月 27 日，钻机正在收放折叠电缆桥架，一名电工和一名焊工站在下图中左侧的位置整理电缆桥架中的电缆，当卸下第二个销子后（将电缆桥架固定到下部结构上），电缆桥架下半部分向右侧发生滑动，电缆桥架上半部分随之向下移动，将两名员工压在下面。造成员工重伤，井队停工。

事故原因

（1）事故发生时，两名员工正在负责下面工作。

（2）员工没有意识到工作中存在的全部风险。

（3）之前的搬迁都是采用同样的拆卸方式，但从来没有发生过事故。

（4）卸下第二个销子后，组件开始向下部结构滑动（约 1.5ft）。

（5）没有使用起重机来支撑／固定负载。

（6）地面湿滑，导致电缆桥架与地面之间发生滑动。

预防措施

（1）不要站在负荷下进行任何工作。

（2）对所有类似的电缆桥架设置和布局进行检查。

（3）使用起重机支撑／固定负载。

（4）在起重机吊装负载以进行固定／控制之前，不要从同样的钻机结构上移除任何销子。

在电缆桥架与底座基础之间加装顶杠，预防电缆桥架滑动

某井队维修过程中伤手事故

事故概述

2011 年 11 月 16 日，三位机械师在维修顶驱备钳及夹持器总成。当他们安装完管具夹持器总成后准备连接液压管线时，管具夹持器上面的一根控制管具夹持器平衡缸的液压管线需要更换穿管位置，项目部机械主管让机械师卸下来，当他刚卸了一扣的时候，就有油从接头处流出，顶着平衡缸的压力被释放，平衡缸迅速落下正好砸到另外一名员工放在旋转头的手上，造成手部受伤。

事故原因

1. 直接原因

操作时，将手放在了危险区域，压力的释放造成平衡缸下落，砸伤员工的手。

2. 根本原因

（1）伤者没有意识到手放置位置存在风险。

（2）多名人员共同作业时，需加强配合。

（3）没有遵守作业程序，操作前平衡缸压力必须释放掉，让它复位，落到旋转头上。

预防措施

（1）更新设备维修保养规程，避免事故发生。

（2）多名人员共同作业时，加强和其他人员的沟通交流。

（3）在拆卸任何管线之前，必须保证管线内的压力全部释放完。在此次事件中，干活前应该将平衡缸压力释放掉，让它复位，落到旋转头上。

（4）将泄压装置安装在测试三通上，卸掉平衡缸压力，并进行检测。

（5）将此事件通报给顶驱生产厂家。

（6）发布安全公告，在公司所有井队内部学习。

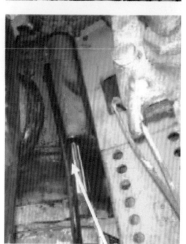

某井队修泵过程中伤手事故

事故概述

2007 年 4 月 6 日 0:20，倒划眼作业中，2 号泵因活塞磨损而停车维修，仅保持 1 号泵运转。在更换完活塞后，2 号泵重新启动，但副司钻发现有一个冷却水喷洒罩未正确安装，随后在夜班队长指示下，在未停泵状态下，进行了拆卸和安装，但在安装过程中，右大拇指被挤在了喷洒罩和运动的活塞杆夹子之间而受伤。

安装活塞喷淋罩时，手的位置

事故原因

（1）设备在运转状态下维修（副司钻在维修活塞冷却罩时，泥浆泵还在保持运转状态。设备没有停车／隔离而进行维修）。

（2）未遵守公司工作许可证制度（未签发断电作业许可，未停泵而进行维修，未召开班前会）。

（3）未充分监督（夜班队长给副司钻下达了修理设备的不安全指令）。

（4）未能阻止不安全作业。

预防措施

（1）安全警告发给 SAS 所有井队。

（2）强制执行公司工作许可证制度。

（3）班前会上，所有泥浆泵维修人员对如何安全更换泥浆泵活塞拉杆和缸套进行分析讨论。

（4）对井队所有人员进行工作许可证和预防手指伤害安全培训。

（5）鉴于安全意识淡薄和未履行安全职责，撤销带班队长职务。

（6）为活塞拉杆箱盖设计了锁定装置。

泥浆泵活塞拉杆箱盖锁定装置

某单位搬运工具挤手事故

事故概述

2007 年 5 月 30 日 8:30，测井现场工程师和测井操作工一起将声波测井仪从架子上抬下进行施工前检查准备。操作工把仪器一端抬出保护筒，而另一端负责抬仪器的测井工程师因手指放在仪器保护罩环形把手里而被把手和保护筒定位销挤伤。现场做完紧急医疗处理后，第二天测井工程师返回胡拜尔市，经 X 光片诊断，其中指末端骨折，安排第二天进行手术。

事故原因

1. 直接原因

手放置的位置不对，被仪器把手和定位销挤伤。

2. 根本原因

（1）未分析出安全风险。

（2）缺乏工作标准。

（3）缺乏领导和监督。

（4）团队工作时，未有效沟通。

预防措施

（1）条件允许时，应使用吊车。

（2）垂直抬仪器时，应使用钩子辅助。

（3）加强对所有井队队员防手部伤害培训和管理。

（4）加强斯伦贝谢防伤害程序培训，包括团队工作时该如何有效沟通。

某井队下钻卡瓦伤手事故

事故概述

2009年6月16日，钻工们从5:00点开始下钻作业，大约6:00时，下5in钻杆。司钻下完立根后，钻工们开始放卡瓦。1名钻工（伤者）提起卡瓦，另外2名井架工拽着卡瓦向井口移动，移动过程中卡瓦上端倾倒与下行的吊卡相撞，钻工右大拇指挤在卡瓦把手和吊卡之间。司钻立即采取了刹车，但钻工右大拇指还是被卡瓦把手和吊卡挤伤。井队医护人员进行紧急处理后送医院进行进一步检查，x光片显示钻工拇指末端骨折。

事故原因

1. 直接原因

放卡瓦的方法错误，应该抬起卡瓦坐入井口而不是采用拖拽的方式，导致伤者的手指被挤伤。

2. 根本原因

（1）操作卡瓦时，缺乏团队合作。

（2）操作卡瓦时，缺乏有效沟通，缺乏监督。

（3）前一天班组成员进行了调整，导致配合不当。

（4）开工前，未进行工作安全分析。

预防措施

（1）对所有员工开展卡瓦操作技术复习和培训。

（2）提醒所有员工集中精力干好工作，特别是日常工作。

（3）准备开工前，鼓励和强调团队工作和良好沟通的重要性。

（4）提醒所有员工，任何工作开始前都要确定已做好准备。

（5）工作开始前，回顾工作安全分析。

某井队搬运工具挤手事故

事故概述

2010 年 10 月 30 日,井队人员正在准备将一个打捞筒从装有打捞工具的集装箱内倒出来。集装箱内有"工"字钢梁,并配有移动滑车作为吊装移运工具。由于捞筒较重,超过滑车的承载能力,滑车移动不灵活,被卡在"工"字梁上不能移动。此时一名员工用左手抓着滑车前方的"工"字梁,另一只手从后面去推滑车,当滑车突然解卡并向前滑动时,压到了这名员工的左手手指,造成左手中指、无名指和小手指受伤。经过检查未见骨折,采用缝合治疗。

事故原因

1. 直接原因

(1)工作时,手的放置位置不正确。

(2)由于吊物较重,滑车移动不灵活,被卡住。

2. 根本原因

(1)工作前,对风险评估不足。

(2)未能按 JSA 程序执行。

(3)工作前的安全会上对安全工作提示不到位。

(4)工作提示和作业计划需要改进、提高。

(5)吊装设备的承载能力应该符合要求。

预防措施

(1)开好工作前安全会,分析工作中所有风险及危害。

(2)识别工作中的危险区域,并告知所有作业人员。

(3)针对此项风险,重新制定或修订工作 JSA。

(4)更换更高承载能力的移动滑车,满足货物吊装需要。

(5)举一反三,检查其他井队,确保无类似事故发生。

某井队油管钳挤手事故

事故概述

2011 年 3 月 6 日，井队正在下 4½in 油管，使用的是威德福的油管钳。井口三名操作人员配合操作油管钳，其中两人推、一人拉油管钳准备油管上扣。当油管钳靠近油管时，由于配合不当，拉油管钳人员的左手被挤到油管钳与油管之间，造成左手中指和无名指受伤。

事故原因

1. 直接原因

手的放置位置不正确，被挤到油管钳与油管之间。

2. 根本原因

（1）施工前，风险分析不到位。

（2）工作人员配合不当，没有意识到潜在的危害。

（3）设备本身存在设计缺陷（拉手与活门距离太近，而且没有防护装置）。

预防措施

（1）油管钳手柄处安装尼龙拉手。

（2）油管钳手柄周围安装橡胶缓冲器加以保护。

（3）改进设计缺陷，加装隔离防护，使操作人员得到更好的保护。

某井队滚钻铤时挤手事故

事故概述

2011 年 5 月 4 日，操作人员正试图将一块小木头垫到钻铤下面，防止钻铤在管架上滚动。他用右手放置木块，同时左手扶着钻铤，手指插到两根钻铤缝隙中。突然，后面的钻铤发生了滚动，将操作人员的手指挤在了两根钻铤中间，造成中指和食指受伤，指甲脱落。

事故原因

1. 直接原因

操作时，手的放置位置不当，钻铤滚动导致手指受伤。

2. 根本原因

（1）风险意识不强，危险因素分析不到位。

（2）安全监管不到位。

预防措施

（1）全员通报并进行学习，吸取事故教训。

（2）更新工作安全会内容程序，提高危害分析及风险防控能力。

（3）不定期进行安全审计。

某井队设备测试时伤手事故

事故概述

2011 年 6 月 5 日，井队开钻前，机械师和电气工程师进行设备功能测试。正在测试"铁钻工"时，机械师站在"铁钻工"旁边，手放在设备上，但他没有意识到手放到了传感器和限位块之间。机械师给电气工程师发信号，准备将"铁钻工"从鼠洞移至井口。当设备开始运转时，他的左手大拇指被挤到了限位块和传感器之间。经队医检查后送往当地医院缝针处理。

事故原因

（1）操作时，手的放置位置不当。

（2）风险意识差，危害分析不到位。

（3）安全监管不到位。

（4）没有相应的安全提示信息。

预防措施

（1）严格执行作业许可制度，确保在开始工作前所有安全措施落实到位。

（2）更新识别危险区域，建立台账，并用黄黑相间图案进行标识，并对此事进行安全通报。

（3）"铁钻工"操作时，应由司钻或者带班队长进行监护。

（4）在操作设备前，操作人员一定要视野开阔，确保不存在安全隐患。

某井队铺设方井盖板挤手事故

事故概述

2011 年 8 月 6 日，两名钻工正在钻台下面铺方井盖板，一名钻工将方井盖板向另外那名钻工方向推，当这名钻工意识到手还在盖板缝中并想要把手抽出来的时候，已经晚了，盖板挤到了他的手指。造成他右手中指指甲处受伤并且红肿。经医院检查，手指骨裂，进行缝合包扎处理。

事故原因

（1）操作不当，没有正确使用吊装设备。

（2）沟通不畅，配合不当。

（3）工作计划不充分，干活前没有意识到此项风险。

预防措施

（1）没有明确的吊点，不要进行吊装作业。

（2）格栅、盖板应安装吊耳或提手。

（3）进行吊装作业时，保持沟通畅通。

（4）干活前填好风险分析卡，开好工作前的安全会。

某井队安装制冰机伤手事故

事故概述

2011 年 6 月 9 日，井队食堂新安装了一台制冰机，电工按照说明书的要求开启设备对其进行试运转。他拆下设备外壳，伸进手去捏内部的软管以检测水流和压力。当他检查完准备收回手的时候，他右手的中指被冷凝器散热风扇的叶片扫到，造成手指割伤，队医对他进行了急救，并紧急送往医院处理。

事故原因

1. 直接原因

拆除了设备的防护罩，在设备运转时进行检查，导致手指受伤。

2. 根本原因

（1）工作前，没有进行风险危害分析。

（2）没有进行设备检修挂牌锁定制度。

（3）设计缺陷，设备本质不安全。

（4）工作凭经验，没有意识到危险，存在侥幸心理。

预防措施

（1）所有的检维修作业（含常规作业）必须进行风险识别和工作危害分析。

（2）井队建立风扇、轴承、皮带等旋转设备清单，并进行检查，确保所有旋转设备防护到位。

（3）进入有风扇转动或者旋转设备区域施工前，一定确认设备关停并锁定，在进行检维修作业时，要对电源开关进行测试，确保能正常工作，并将开关置于关位。

（4）当要拆卸设备的防护罩时，必须识别所有风险。

（5）张贴安全警示标志。

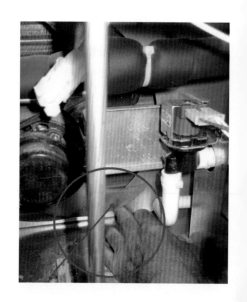

某井队顶驱伤手事故

事故概述

2005 年 4 月 13 日，在用 5in 钻杆起钻时，电气工程师和钻机工程师前往井架以连接套管扶正器（CSB）起升机的电源，并设置套管扶正器升降平台的限位开关。电气工程师通过井架后中间横梁从井架阶梯进入了套管扶正器。完成该任务后，电气工程师决定从井架笼梯下到钻台面。在越过横梁时，用左手抓住了顶驱导轨，但是没有注意到顶驱正在下降。顶驱（TDS）导轨滚轮压伤了他的左手。他设法下到钻台面，并向夜班队长报告了受伤情况。此事故造成伤者的左手无名指受伤，左手中指截肢，钻机误工。

事故原因

（1）不正确的计划和作业风险评估。交叉作业的风险未识别清楚。

（2）工作前安全会准备并进行了工作安全分析（JSA），而没有召集所有钻台工作人员开会。

（3）JSA 流程未发现重大危险，例如 TDS 移动，并且未考虑夹伤危险。

（4）钻台工作人员没有参与工作许可（PTW）。

（5）工作许可（PTW）超出时限，没有开具新的工作许可（PTW）。

（6）手放置不当，当顶驱向下时，伤者用左手抓住顶驱导轨。

（7）未使用载人吊篮，而是从井架横梁和笼梯之间攀爬通过。

（8）从司钻室看不到伤者的活动区域，没有有效的通信方式，JSA 和 PTW 中未包含对对讲机的需求。

（9）缺乏危险意识，伤者没想到他的手会被夹伤。

（10）安全行为不当，监督和钻机人员缺乏干预。

预防措施

（1）在工作计划和风险评估过程中，应考虑可能相互影响或相互关联的所有作业，以确保清晰有效管理这些活动。

（2）确保司钻在其负责的工作区域进行任何关键维护时，都参与并授权工作许可批准程序。

（3）加强现场的 PTW 和 JSA 程序要求。应确定与即将开始的工作有关的所有危险。确保风险评估和工作安全分析有效完成。

（4）如果同时进行可能会造成危险的所有其他作业，要确保安全或暂停当前作业。

（5）任何时候都不得在井架内部进行维护或检查，除非钻具固定且不旋转。

（6）通过"停止作业"程序提高钻机人员的安全干预技能和领导能力。

（7）确保在执行任何关键任务之前建立安全的通信联系。

伤者发生事故时的位置

顶驱导轨和滚轮

某井队试压过程中伤手事故

事故概述

2012 年 1 月 20 日，井队进行 4in 闸板测试时，司钻离开钻台休息，由带班队长接手操作，测试完成后，带班队长释放了测试压力，钻工试图去卸开试压旋塞的扣但没有成功，此时，司钻返回钻台，协助钻工打上备钳再次卸扣，钻工卸松扣，移开备钳，司钻开始用手继续松扣，由于这个接头高度超过 6ft，司钻用手把住接头上端母扣，手指在母扣内，带班队长离开操作台准备去帮司钻，但他发现顶驱在下溜，于是立刻返回操作台刹住绞车，但为时已晚，顶驱备钳的对扣引鞋压住了司钻的手指。造成顶驱备钳压断了司钻的 3 根手指，导致停工。

不正确的手部放置位置

事故原因

（1）带班队长离开司钻控制房没有刹死绞车。

（2）封井器测试期间顶驱安全高度不足。

（3）缺乏工作计划，团队合作不力。

（4）司钻手部放置位置不对。

（5）停工授权执行不力。

预防措施

（1）任何有人员在顶驱下作业时，操作前游车必须刹死，并在司钻房操作手柄上挂上"禁止操作"的警示标志。

（2）游车要停在安全距离这样才能保证在井口提起工具时的安全。

（3）修订和增加拆卸试压工具操作作业安全分析内容。

（4）重新开展手部和手指安全保护意识教育活动。

（5）使用正确的任务工具：不同尺寸的链钳、提升护丝应该在钻台常备。

某井队液压钳伤手事故

事故概述

2018 年 11 月 23 日 18:30BG-1500 号油井，准备下 3½in 油管作业。开完作业前安全会议后班组人员开始工作。在液压钳功能测试过程中，操作者稍微弯曲身子调整大钳高低来确定下钳头到合适位置，这时一名钻工站在大钳前面，并打开液压大钳钳框（旋转机械护罩），把手伸入上扣钳头位置（旋转设备）检查钳头是否对齐，随着操作人员操作控制杆，上扣钳头开始旋转。导致钻工的左手手掌被重度切伤。

事故原因

（1）伤者没有辨识到旋转部位的潜在危害，没有与操作大钳的人员进行沟通就把手放进去。

（2）伤者打开的大钳钳框（旋转机械护罩）没有自动切断动力的安全开关。

（3）操作者在操作旋转设备时注意力不集中。

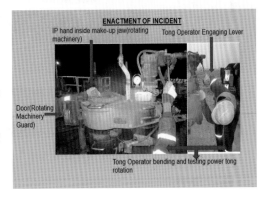

预防措施

（1）根据合同要求，每 6 个月要进行一次危险区域内安全行为的培训。

（2）相关员工在作业安全分析时要清楚识别危险因素，要确保识别出所有危险源，包括夹点。危险源要具体细化到每一项工作、每一个岗位并明确责任。

（3）现场的新雇员建立"短期雇员／绿帽"方案。

（4）确保在钻机现场所有钻井活动和钻井设备的使用都符合标准安全作业程序，包括下入 3½ in 油管作业。这个安全作业程序还应包括免手操作大钳，包括使用免手调整上下钳头。

（5）通过安全活动、安全培训、安全奖励等鼓励、实施和加强停止作业权利。熟练工在发现所有不安全的行为／条件时应当对执行强制停工令，和所有干预措施应通过 STOP 卡系统记录在案。

（6）可能的话，在现在和将来的合同中将大钳钳框安全切断开关作为强制性安全功能要求。

某井队下钻过程液压钳伤人事故

事故概述

2007 年 4 月 21 日 18:25，操作人员起出 2⅜ in 钻杆后，用 Eckles 动力大钳接 4½ in 钻杆下井，但在接第 5 个立柱时，因备钳钳头打滑，造成动力大钳突然逆时针旋转，将手还扶在大钳上的操作员撞飞，导致胸部和腹部严重受伤，11 根肋骨断裂，并有可能造成下半身瘫痪。

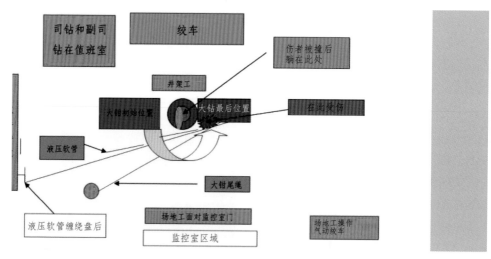

事故原因

1. 直接原因

操作员来不及松手躲闪，而被大钳撞倒。

2. 根本原因

（1）大钳尾绳未经批准擅自改变长度。

（2）未遵守相关程序。

（3）缺乏沟通。

预防措施

（1）重新学习"工作安全分析"。

（2）开工前必须进行目测检查。

（3）使用固定长度的大钳尾绳。

（4）安全评估并告知全体员工。

某井队起钻过程中机械伤害事故

事故概述

2011年11月19日，井队正在进行倒划眼作业。钻具刮泥器用绳子拴着绑在转盘补心上。带班队长在刹把旁边，正在和司钻讨论下一步的工作。井口一名钻工看见刮泥器卡在钻具接头上方，随钻具一起旋转着往上走，他试图把刮泥器压下来，重新绑回到转盘补心上。这个时候，拴在补心上随钻具一起旋转的绳子挂到了钻工的右臂上，带动钻工一起转动起来，并使他摔倒。带班队长反应过来，立即按了顶驱的急停按钮，顶驱立刻停了下来，惯性将员工甩到了绞车里。

事故原因

1. 直接原因

钻工操作时离旋转的钻具太近，导致绳子缠绕到了胳膊上，带动他一起旋转并摔倒。

2. 根本原因

（1）刮泥器放置在转盘上，用绳子固定。

（2）工作计划不充分，干活前没有意识到此项风险。刮泥器使用方式不正确。

（3）人为操作失误。

预防措施

（1）此事件安全会上全员通报。

（2）记载到备忘录上，起放或旋转钻具时，刮泥器不准放置在转盘上面。

（3）倒划眼的时候可以用少量的水来清洗钻杆；如果条件允许，可以使用手动刮泥器刮钻杆；井下正常的情况下，溢流检测后，可以将圆盘刮泥器安装到补心下面。

（4）所有员工有权拒绝违章指挥。

某井队安装顶驱时员工腿部挤伤事故

事故概述

2018 年 4 月 25 日 10:30，井队进行连接顶驱导轨作业。副司钻站在井架横梁上导轨左侧，观察对正情况并准备穿导轨销子。司钻操作气动绞车调整顶驱位置，以利于穿销子。此时，顶驱受气动绞车牵引产生晃动，副司钻躲避不及，左小腿被挤压在顶驱支架与井架横梁之间，导致左小腿骨折。

事故原因

1. 直接原因

（1）伤者站位不当。

（2）司钻操作气动绞车过猛，导致顶驱产生晃动。

2. 根本原因

（1）没有安全的顶驱安装程序，井队人员凭经验进行安装作业。

（2）风险识别和安全分析不到位，没有意识到顶驱摆动可能伤人的风险。

（3）多人作业配合不当。

（4）缺乏有效的指挥和监督。

预防措施

（1）与设备厂家结合，制定顶驱安装安全操作程序，并对员工进行培训。

（2）作业前要召开安全分析会，找出风险隐患，并制定削减措施。

（3）司钻操作位置可能看不到伤者，动用起重设备时必须专人监控，协调指挥。

（4）开展个人安全防护知识教育，提高员工安全意识。

（5）操作起重设备必须平稳缓慢，禁止猛提猛放。

某井队顶驱挤伤员工腿部事故

事故概述

2018 年 11 月 13 日 10:25，井队钻水泥塞时发现顶驱报警显示机械手传感器故障。为方便低位检修，井队决定将立柱卸掉后接上顶驱再检修。井队使用旁通方法卸开了立柱与顶驱的连接，然后用液压大钳卸掉立柱并放入指梁。下放顶驱并与井口钻杆旋扣连接。在紧扣过程中，由于未发现旋转头未锁定，顶驱主轴驱动备钳带动顶驱旋转头和吊环突然顺时针摆动，将带班队长左小腿挤在吊环和全开安全阀座子间，造成左小腿骨折。

事故原因

（1）液压管线堵塞和顶驱锁紧传感器失效引发顶驱报警。井队采取旁通方法卸扣（之前工作停顿约 18min，液缸油路缓慢进油，从而锁定锁紧装置，因此旁通法卸扣时，备钳未旋转）后，在下放过程中转动旋转头从而锁紧装置自动解锁。紧扣时，井口人员没有散开和确认旋转头锁定的情况下使用旁通功能紧扣，备钳带动旋转头和吊环转动，造成吊环摆动挤压伤者。

（2）信息沟通不畅，司钻和伤者中间有液压大钳遮挡视线，互相看不见，也没有语言交流。

（3）人员站位不当，未站到旋转半径外的安全区域。

预防措施

（1）日常必须严格执行设备保养检修程序，提高设备本质安全水平。

（2）人员安全意识和风险识别能力需要再培训，司钻的业务能力需要再考核。

（3）非正常操作要进行风险识别，人员要主动离开旋转半径危险区域，要完善相关情况的检修安全操作程序。

（4）操作人员启动设备禁止高速起步，应该确认环境安全后，缓慢平稳启动。

（5）作业中一定要加强信息沟通，在没有有效视线和沟通的情况下，禁止盲目操作。

某井队井架滑落事故

事故概述

2018年8月7日9:25开始放井架,放至与地面约45°,悬重100t时,井架下放速度突然异常,司钻将盘刹刹把压到底,由于用力过猛,刹把手柄头突然断裂,手柄弹回,井架加速下滑,司钻立即摁下紧急制动,井架继续下滑,天车顶修理吊臂碰到高支架后折断,井架先后触碰油管台、二层台、地面后才停止。井架、天车护栏、二层台、油管台部分受损。未造成人员受伤。

事故原因

(1)司钻操作不平稳。

(2)刹把手柄塑料头突然开脱,井架加速下行,后虽摁下紧急制动开关,但惯性较大未能有效制动,导致井架在不完全受控的情况下滑落着地。

预防措施

（1）特殊作业前要召开安全分析会和作业前安全会，分析各个步骤的风险隐患，并制定针对性的安全控制措施。

（2）执行起放井架作业前，一定要对刹车系统、各种钢丝绳进行全面的检查，要确保刹车好用，绳索完好。

（3）选用经验丰富的司钻来执行此类特殊作业任务，司钻在操作前要对全过程进行推演，各种异常情况的应对要做到心中有数。

（4）要严格按照厂家手册规定的程序进行放井架作业，必须要求司钻缓慢匀速，切忌猛刹顿刹。

FALL ACCIDENT

高处坠落事故

（共 17 例）

某井队下套管过程中套管坠落事故

事故概述

2015 年 11 月 23 日大约在 12:10 时，正在下 13⅝in 套管，一根长 46.8ft(14.2m) 重 4000bbl (1814.37kg)、编号为 294 的单根正在被安装在猫道上的液压升降机吊起，套管单根在顶驱横梁下发生卡阻，造成单根吊卡绳索断裂。套管单根从 13m 高处掉下来落在猫道上，随后滚落在泥浆罐一侧的地面上。

没有人员伤亡，但是顶部驱动梁部分、套管接头、钢丝吊索和锁扣有损坏。该事件可能导致严重的人身伤害甚至死亡。

事故原因

1. 直接原因

（1）不安全的行为和做法。

（2）忽略和缺乏安全意识。

（3）无意识的人为错误。

（4）司钻、钻台操作工、井架工之间缺乏沟通和团队配合。

顶部驱动横梁损坏照片

2. 根本原因

（1）人为因素：风险的错判。

（2）培训和经验不足。

（3）没有遵守工作安全会和 JSA 分析的正确做法。

（4）缺乏足够的监控，班组人员没有使用停工授权。

预防措施

（1）重新进行下套管的作业安全分析 (JSA)，使用顶驱、气动 / 液压绞车起吊前钻台人员、场地人员及司钻要有有效的交流沟通。

13⅝in 套管单根损坏照片

（2）承包商考虑安装摄像头系统，使司钻能直接观察到钻台人员的动作。

（3）承包商管理人员对停工权 (SWA) 要了解。

（4）承包商管理人员要对班组人员的交接班程序进行评估。

（5）承包商管理人员通过班前会议和每周安全会议交流此次事故的教训。

从 45ft 高处掉落的套管（钻台俯视图）

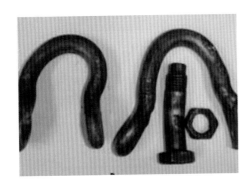

损坏的吊扣栓销照片

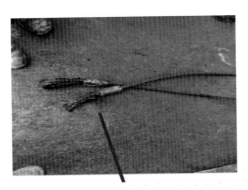

损坏的钢丝绳索照片

某钻井平台起吊过程中轴销坠落事故

事故概述

 2009 年 10 月 9 日在把甲板上的货物装载到补给船上时，一名船员将吊货挂在起重机的小钩子上。当他离开让吊货起吊时，一根销子轴 (35cmx20mm 约 0.5kg) 从起重机的主吊钩上掉下来，这个吊钩离地面有 30m 高，当时并没有在使用中，销子轴砸到另一名船员的左肘，导致这名船员肘部撕裂。

事故原因

 （1）在将起重机主钩上的弹簧固定销更换为"R"销时，没有实施有效的变更管理。

 （2）没有明确的起重机预防性保养维护与检查程序。

预防措施

 （1）建立明确的起重机预防性保养维护与检查程序。

 （2）确保所有的设备变更都必须通过 MOC 程序进行风险评估和管理。

某单位员工高处滑倒摔伤事故

事故概述

2016 年 1 月 8 日，某单位员工爬上垃圾爬犁去倒垃圾，随后从垃圾爬犁下来的时候，踩到了一块从垃圾爬犁下面伸出来的胶合板上导致滑倒摔伤。

事故原因

1. 直接原因

员工踩在垃圾爬犁下面伸出的胶合板上滑倒。

2. 根本原因

（1）垃圾爬犁满了，员工只能爬上去倒垃圾。

（2）现场标准化制度没有执行。其他杂物在地面上堆放，钻井队未能识别风险，没有及时整改。

预防措施

现场标准化由所有钻井队成员负责。及时清理垃圾和其他杂物。

某井队卸车时高处坠落事故

事故概述

2009 年 6 月 26 日，正在从卡车上卸载装有重晶石粉的吨包，其中 1 名钻工站在车斗上负责将吨包吊带挂上吊钩，当吊装第四个吨包时，钻工后退至车斗尾部，因失去平衡而跌落，车斗高度为 1.2m，从而造成右手桡骨骨折。

事故原因

1. 直接原因

（1）安全意识淡薄。

（2）注意力不集中。

2. 根本原因

（1）开工前，未进行工作安全分析。

（2）车斗周围未安装护栏。

（3）缺乏经验和技能。

（4）其他人未进行警告和制止。

预防措施

（1）制定和执行关于卸载大袋货物的"工作安全分析"。

（2）现场开展防跌落培训。

（3）现场开展悬挂和吊装培训。

（4）所有卡车安装防护栏。

（5）事故调查结果下发 ZPADC 公司所有钻井队。

某井队搬迁过程中高处坠落事故

事故概述

2019 年 10 月 27 日下午 3:40, 在钻机搬迁期间, KOC 钻井监督（公司人员）在检查了卡车上的套管后, 从卡车车厢上下来时, 滑倒并摔到了下背部, 从而导致剧烈疼痛和受伤。医学检查确认 D11 脊柱骨折, D5 楔形受压。

事故原因

根据 KOC HSSE 程序, 进行详细调查, 安全警告 / 经验教训将在调查后分发。

预防措施

（1）经过急救后, 伤者被转移到贾赫拉医院接受进一步检查和治疗。后来送往 Mubarak Al-Kabeer 医院并计划手术。

（2）事件已报告给甲方和生产管理部门。

某作业队钢丝绳断裂事故

事故概述

2014 年 09 月 13 日，在采气树上安装连续油管防喷器组件作业。防喷器组件由吊车吊起，由于没有足够的吊车吊臂作业空间，决定采用 2 个钻台气葫芦来代替吊车实现吊装，1 个气葫芦提起组件，另 1 个气葫芦作为崩绳控制组件的摆动，2 名员工用牵引绳控制引导吊件，在下放组件过程中，一条气葫芦绳子突然断裂，导致防喷器组件掉落，被采气树周边的脚手架框架挡住。

本次事故记录了 3 起人员伤害：1 名操作者右臂有轻微瘀伤，右膝盖有轻度肿胀。另 1 名操作者右下臂肌肉轻度疼痛。1 名司钻（在钻台上操作气葫芦）右手腕被坠落气葫芦绳击中有轻微肿胀。两个防喷器配件损坏，脚手架平台受到轻微损坏。

事故原因

（1）变更工作方式后，未进行具体的作业前安全分析。

（2）起重作业前未进行目视外观检查。

（3）防喷器组件质量接近气葫芦绳安全载荷。

预防措施

（1）重新评估风险并实施控制措施以消除风险或将风险降低到可接受的水平。

（2）每次工作范围发生变化时要进行具体的工作安全分析。

（3）对起重设备进行目视检查，以确定安全。

（4）核实要使用的设备状况、提升负荷，确保吊装安全。

（5）实施停止工作授权，以停止不安全的任务。

（6）无关人员禁止进入作业区域。

某井队起钻时销子高空掉落事故

事故概述

2014年5月17日，在进行更换钻具组合起钻作业，打开卡瓦，提起井内钻具时，1名钻工听到了一声巨响。该工人随即叫停了作业，寻找落物来源，然后在钻杆盒子附近发现了1个卸扣销子掉在那里。由于要寻找落物卸扣销子的来源和位置，导致作业被暂停。销子掉落的卸扣位于顶驱和水龙带软管之间的安全绳上。当游车停止时，该位置的高度为12m，4.5t载荷卸扣销的质量为320g。安装了新的卸扣和安全销，并继续作业。就在下步钻具组合起出防喷器之前，对所有的卸扣和安全销进行了彻底的检查，没有发现任何缺陷。

事故原因

（1）不正确地使用工具和设备。这个断落的销子别针是卸扣的4个组件之一，它被重复使用并导致其出现疲劳损坏。

（2）钻进时顶驱的震动导致销子别针从疲劳部分开裂，同时销子的螺母也开始松动，最终导致卸扣销子从高空掉落。

预防措施

（1）在安全会议上重申这样的销子别针是一次性的，每次要拆装卸扣时，都应更换一个新的销子别针。

（2）确保所有落物程序检查都在正常进行和是有记录的。

（3）确保完成第三方井架检查（年度要求）。

（4）确保井架检查是目前项目运行计划的一部分。

（5）确保井架日志是最新的。

二次固定卸扣放置

某井队气动卡盘钳牙高空掉落事故

事故概述

2015 年 3 月，一个气动卡盘钳牙（重约 0.15bbl）从 40ft 高的地方掉到钻台上，几名钻台操作人员幸运地没有被砸到。

事故原因

（1）套管顶部接箍与锁定板接触，导致钢板弯曲和钳牙脱落。

（2）司钻没有注意到套管接箍接触锁定板。

（3）作业前设备检查不仔细。

（4）在执行操作时注意力不集中。

预防措施

（1）防坠落组将进行定期防坠落检查。

（2）在施工前，要进行危害识别和控制风险。

（3）该工作涉及服务公司，应召开联合会议与所有有关的服务公司进行防坠落检查，以确保类似事故不再发生。协调服务公司同井队人员一同努力完成防坠落检查工作。

某井队下套管过程中套管脱落高空坠落事故

事故概述

2011 年 11 月 15 日，事件发生在下 13⅜ in 套管过程中，使用的设备是一个机械插销机构的自动单根吊卡，由一个服务商的工程师操作。套管单根靠着坡道大门，立在滑道的底部挡板上。吊卡卡住套管后，司钻提升套管，当提升至平台上方约 8m 时，套管单根从吊卡中滑脱，套管沿着坡道大门滑下滑道，在其底部挡板和悬臂平台护栏上弹起，撞在位于供给舱壁附近排空管线的防护架上。套管单根弹起，落在了滑道下方堆放的套管上。

事故原因

（1）下套管操作工疏忽大意，将吊卡套在套管上，推入卡瓦，但在离开操作台前没有关闭和锁定卡头。

（2）司钻起吊套管前，没有确认吊卡卡头是否关闭和锁定。

预防措施

（1）任何时候，在起吊套管前，司钻和位于坡道大门旁边的指定人员，要对吊卡卡头是否关闭和锁定进行观察确认。

（2）指定专人在坡道大门处观察吊卡卡头，确定关闭并锁定后，再向司钻发出约定起吊手势。

（3）只使用约定的手语，只对指定人员的手势响应。

（4）检查滑道底部挡板，防止套管从悬臂掉到套管台上。

（5）严格工作交接程序，接班人员至少要观察完一个完整的操作过程后才能接班。班组成员要在中间休息、午餐等时间交流工作话题，如设备状态、手语、工作方案、下步工序等等。

（6）检查更新下 13⅜ in 套管工作安全分析（JSA）及工作指南，将推荐的安全操作指令纳入其中。

某井队搬迁过程中高空坠落事故

事故概述

2011 年 3 月，在进行拆卸钻井设备时，一名司钻从 10ft 的钻台摔倒地面上，造成重伤。伤害事件发生在进行钻机搬迁时间，当时正在拆卸绞车和电机以及风机轨道。该设备正常情况下是作为一个整体进行搬运的。由于此次搬家路线中有一个铁路口限宽，因此需要将绞车拆分成两件，钻台设备要拆卸为较小的部件，首先栏杆要被拆卸，然后绞车和绞车电机分离。当时吊车正吊卸绞车电机导轨。当司钻示意吊车起吊时，他们注意到还有一个钻台铺板挂连在起吊物上。于是吊车司机被要求停止起吊，下放导轨以便拆卸铺板。在下放过程中，大家又发现导轨上还连接了一些空气管线，继续下放可能会将管线压坏。因此司钻示意吊车停止，导轨被吊车吊着停在距离钻台 3in 的位置。当副司钻和工长拆除空气管线时，司钻站在一个已经拆开的钻台铺板上，这块铺板发生突然移动，司钻失去平衡，从铺板移动后留下的间隙中坠落。司钻坠落过程中头部碰到钻台下面的一个拉筋，然后掉落到地上，坠落高度 10ft。

井场医生进行了现场急救。由于受伤人员处于无意识状态，被紧急送往了 Al-Hassa 医院。Al-Hassa 医院将病人转院至 Hofuf King Fahad 医院进行神经外科处理。司钻被诊断为脑死亡，4 天后去世。

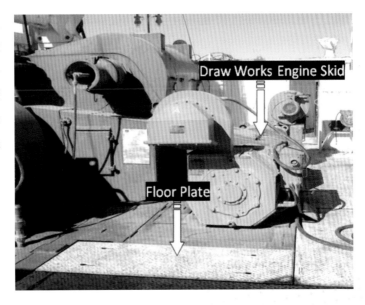

事故原因

（1）此次搬迁不同于以往的搬迁方式，拆除设备之前没有进行风险评估和安全分析，因此未识别出事故涉及的铺板可能发生移动的风险。

（2）关键设备的拆装过程没有有效的监控。

（3）当所有的扶手和一些铺板都被移走时，钻台面距离地面10ft，司钻和钻工没有使用防坠落装置。

预防措施

（1）按照钻井承包商 HSE 程序，钻井承包商必须提供一个现场工作安全分析的行动方案。该行动方案符合 SMART（具体，可衡量，可完成，合理和及时）。

（2）钻井承包商必须提供一个现场实施坠落保护程序的行动方案。该方案包括培训、工作能力、对所有高空作业坠落保护的识别和分析、每一个高空作业的营救计划。

（3）Saudi Aramco 钻井和修井将进行一次钻井承包商管理系统的审计，检查钻井承包商核心安全工作。

（4）钻井和修井承包商应严格执行高空防坠落保护措施，满足或超过 HSE-005 标准（钻修井坠落保护措施）。如果施工中有任何风险，承包商应该立即报告 Saudi Aramco 的现场监督。钻修井部门的领导在进行钻井井场检查时应该检查钻井承包商的坠落防护措施。

某井队安装过程中高空坠落事故

事故概述

2019 年 8 月 29 日 5:30，夜班带班队长要求夜班完成导流器喇叭口的法兰螺栓坚固，以防止钻井液渗漏。两名井架工进行该螺栓坚固作业，他们携带榔头和敲击扳手使用升降机到达作业高度，距离地面约 11ft。由于升降机故障，无法到达工作位置，因此两名井架工爬出升降机吊篮，爬到导流器上（为了便于紧固导流器和喇叭口的螺丝）。执行本工作过程中，其中一名井架工穿戴全身安全带，使用单尾绳（带减速器）固定身体保持平衡，以便双手操作榔头。由于尾绳突然断开，导致该井架工失去平衡从他所站立的导流器一侧坠落。首先后背碰到井口闸门，然后落地，后背和头部受伤。受伤人员在井场接受了急救，然后转运至 Jahra 医院进行进一步治疗（此事件可能导致严重的受伤甚至致命）。

事故原因

（1）夜班队长指派了此项工作，但是没有指派此项工作的监督人员。

（2）此项工作没有执行作业许可程序，没有进行作业安全分析讨论，没有检验防范措施。

（3）升降机的故障是由于漏液压油。

（4）当升降机漏油时，施工人员没有停止工作并向管理人员报告。

（5）单尾绳不合格，与吊钩不配套。

（6）由于升降机故障，无法到达工作位置，员工爬出升降机吊篮进行工作。

预防措施

（1）对安装或拆卸防喷器、导流器、喇叭口作业进行风险识别修正和完善，在使用升降机紧固螺栓时使用升降机防坠落装置。

（2）在安装和拆卸导流器和喇叭口时，给升降机安装限制装置，防止人员爬出吊篮，爬到导流器上。

（3）承包商施行事故预防改进计划，提高井队人员的 HSE 作业水平。

（4）周期进行伤员担架转运演习，提高转运水平。

（5）在进行施工前，应安排工作监督，进行作业计划，作业前安全会，作业安全分析，检验防护措施。

某平台检修过程中高空坠落事故

事故概述

2008 年 10 月 31 日，甲板上的人员正准备从测试区吊走两个气瓶架。在吊装气瓶架时，起重臂开始不受控制地摆动。起重机操作员为了重新使起重机得到控制，伸长起重臂来使起重机达到臂展上限。但是，起重臂的连续摆动导致它多次击中上部起重机基座的步行格栅。

吊装完成后，起重机操作员将起重臂停放在臂架上并退出起重机机舱，开始检查上部起重机走道是否损坏。在检查过程中，起重机操作员踩到一块格栅上，格栅向上倾斜并掉落到距离下面 58ft（17.6m）的主甲板上。随着格栅的翻转，起重机操作员试图抓住上面栏杆，然而还是跌落了 15ft（4.5m），跌至下面的楼梯上，导致左腿骨折。

事故原因

（1）起重机以不受控制的方式摆动并撞到可移动的格栅上，从而损坏了格栅的固定位置。

（2）起重机操作员没有发现危险，而是走到失去固定的格栅上。

（3）当前的格栅设计将前踢脚板和后踢脚板直接固定在格栅本身上，而不是固定在人行道主体框架上，没有起到踢脚板固定格栅的作用。

臂架结构起重机

格栅位置

预防措施

（1）该公司已发布内部信息共享从此事件中学到的经验教训。

（2）工作安全分析要充分考虑周围工作环境潜在的风险和影响。

（3）发生任何不安全事件，要立即向上级主管部门报告。

（4）在进行任何检查或调查之前，要确保事件现场的安全。

（5）公司在所有钻井平台上进行了一次风险检查，特别针对类似的人行道设计，主要检查是否有踢脚板没有焊接到人行道框架和支撑结构上的情况。

（6）公司承包商将与制造商合作，研究合理安全的格栅设计，并进行全面改进。

（7）该公司将加强起重机操作员的培训，使其在遇到起重机组晃动的情况时能更好地处理此类情况。

格栅踢脚板

踢板焊接在格栅上而不是
走道框架上

某井队穿大绳过程中高空坠落事故

事故概述

2019年2月20日9:45，在穿大绳作业时，井架工戴着安全带和尾绳在井架上协助查看天车滑轮，当他松开尾绳在井架上移动位置时，从大约16ft处跌落到地面，经检查诊断为右脚踝骨折，右手腕脱臼。此事件可能造成严重的伤害甚至致命。

事故原因

1. 直接原因

伤者解开了他的安全绳以改变位置和移动，因此将自己置于不安全的状态。

2. 根本原因

（1）个人因素。

①对风险的重视程度不足。井架工明知道松开尾绳会将自己置于高空坠落的风险中，但是却没有引起足够的重视。

②未能遵循口头指示。司钻（工作监督人员）的指示是让他自己监视天车滑轮，将安全带挂在安全绳上，并且不要移开位置。

③违反程序。承包商在高空工作程序中规定"在高空工作时始终确保安全"。如果需要在高处进行任何移动，则在断开一个安全尾绳的连接之前，应先使用另一个尾绳固定好，以确保始终安全。

（2）管理因素。

缺乏高空作业检查清单工作。承包商没有高空作业检查清单来控制/管理高空作业所涉及的风险。

缺乏关键作业的有效监控。司钻仅仅进行了口头提示，但是没有对高空作业进行全程监控。

预防措施

（1）承包商管理人员应确保其所有人员都接受过培训或接受过高空工作培训，其中应包括正确的安全带检查和穿戴。

（2）承包商管理人员制定高空工作检查清单（按照 KOC.SA.031 附录 A）。

（3）承包商管理人员重新制定通过冠轮穿大绳的方法，包括使用人工举升机，而不是人员攀爬或坐在井架上。

（4）承包商管理部门制定一项坠落保护计划，其中包括高空救援计划，该计划的目的是发生高处坠落时，安全地救治被安全带束缚的工人或受伤的工人（根据 KOC.SA.031 第 5.2.2 节）。

（5）承包商管理部门为高空工作人员确定休息时间，以避免过劳操作。

（6）承包商管理人员将检查现有的高空作业JSA，并进行修订包括在高空移动位置时使用双挂绳的规定。

（7）承包商管理人员应确保充足的双挂绳供应，以进行高空作业。

（8）承包商管理人员应考虑对所有钻机机组进行停工授权（SWA）宣贯会议。

（9）承包商管理部门应修改包含上述建议的"高空工作"程序。

（10）承包商管理人员通过班前会议和每周安全会议交流从此事件中学到的经验教训。

水平位置的钻井架（发生位置）　　　　　　　　　　天车和井架横梁

井架工作业时的位置　　　　　　　　　　　高空掉落后的伤者位置

某井队吊装过程中高空坠落事故

事故概述

2019 年 11 月，作业任务是将钻井钢丝绳从钻台移动到地面。一个井架工站在井架横梁上（戴着全身安全带，但没有固定在井架上）。起重机晃动钻井钢丝绳并撞上井架工，导致井架工掉落到地面（距离约 18ft）。伤者当时有意识，但知觉丧失并且无法移动下肢。伤者被紧急送至 Hofuf 医院进行治疗。这次事故造成伤者脊髓损伤，腰部以下瘫痪。钻机停工。

事故原因

（1）伤者并未将安全带固定在井架上。

（2）起重机在移动钢丝绳时，伤者处于危险范围中。

（3）在没有许可的情况下进行吊装作业。

（4）没有使用井架上的救生绳。

（5）在开始工作之前未进行风险识别。

（6）没有使用"停止工作授权"。

预防措施

（1）所有在 6ft 以上高空工作的人都必须正确使用并固定提供的安全带。

（2）提供可以吊移钻井钢丝绳的工作许可。

（3）在开始工作之前，应进行危险识别和风险控制。

（4）参加作业的井队人员需参加作业前的安全会议（PJSM）。

（5）井队人员有权停止不安全的作业。

从高处落下一图像描述

井架工滑倒并在自己坐的
井架横梁位置失去平衡

站在钻台面 ODS 侧的吊装指挥

钻机底座

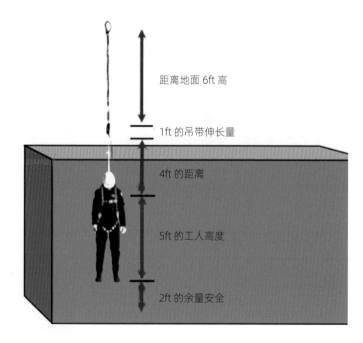

距离地面 6ft 高

1ft 的吊带伸长量

4ft 的距离

一个 5ft 高 的
工人使用一个
6'FF 的 带 有
18' 下锚的安
全绳索

5ft 的工人高度

2ft 的余量安全

某井队穿大绳过程中高空坠落事故

事故概述

2019 年 10 月 10 日 6:20，在穿大绳作业时，井架被平放并支撑在多个位置（见图片）。井架工在井架上协助操作，并将安全带挂绳系在井架上，当他试图移动自己的位置时，不小心从约 16ft 高的地方掉落到地面，导致右手和脚踝受伤。

事故原因

按照 KOC HSEMS 程序进行调查，安全警告以及建议／经验教训在调查后发放。

预防措施

立刻停止了作业，受伤的雇员首先在现场得到了井队医生的救治，然后由救护车转送到阿丹医院进行进一步检查。向 ERCU 160 和 KOC 钻井生产管理部门通报了该事故。

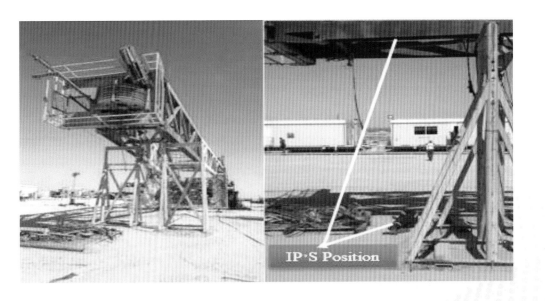

某井队带班队长高空坠落事故

事故概述

2019 年 10 月 10 日 6:20,钻井队长爬到井架底座上,以监控正在进行的防喷器安装作业。当他沿着底座上行时,失去了平衡,从大约两米高的底座跌落到地面。井队其他人员发现他躺在地上立刻上前救助。送医检查诊断为两个后脚跟骨折。

事故原因

不遵循程序。根据 KOC HSSE 程序和安全警示,进行详细调查,调查后发布建议和经验教训。

预防措施

(1)井队人员通知了随队医生,并且使用担架将伤者转移到井场医务室救治处。

(2)经医生检查,发现伤者左脚踝肿胀并为其提供了急救。

(3)经过急救后,伤者被送往私人诊所接受进一步检查和治疗。

(4)事件已报告给 160 和生产管理部门。

某井队起吊过程中蹭落灯架高空坠落事故

事故概述

2010 年 4 月 5 日 2:00，在将焊接设备提升至钻台时，起重臂顶部与二层台水平走道发生碰撞，导致起重臂上的照明灯和灯架从约 98ft 的高处坠落到钻台上。

事故原因

1. 直接原因

员工没有注意起重臂的位置，导致起重臂与二层台发生碰撞。

2. 根本原因

（1）员工未发现潜在的危险。

（2）监督未确认起重臂的位置。

预防措施

（1）建议尽快从起重机吊杆上拆除所有类似设计的灯具配件并重新设计，新设计需求包括安全电缆。

（2）当起重机的起重臂安装到安全的工作距离时，传感器应处于工作状态。

（3）对人员进行再培训，以确保他们正确履行职责。

事件的照片

某单位施工过程中地雷爆炸事故

事故概述

2019 年 1 月 1 日 12:00，当承包商在某地点操作一架平地机进行搬迁道路维修工作，进行井队搬迁作业时，地雷爆炸，导致承包商设备损坏。没有人员伤亡报告，但承包商的设备机有几处损坏（注：此事件与 D&T 承包商无关）。

事故原因

未提前对复杂作业现场环境进行勘测，排除潜在隐患。

预防措施

（1）通知到应急部门。

（2）内政部已得到通知，并接管了调查工作。

某井队荧光灯着火事故

事故概述

2019 年 10 月 13 日 12:50，副司钻发现安装在机电热工区天花板头顶的荧光灯发生起火。副司钻取最近的灭火器灭火，并报告给平台经理。平台经理和安全官确认主开关已关闭，并在安全会议上与班组人员通报了事故。该事故没有造成人员伤亡或设备损坏。

天花板荧光灯 机械师和电工车间之间的工作区域

事故原因

（1）很可能是由于日光灯老旧、镇流器过热引起火灾。

（2）子面板 215-2 中的剩余电流断路器发生跳闸。

预防措施

（1）预备干粉灭火器用来灭火。

（2）在安全会议上与班组人员通报了事故。

（3）平台经理向现场监督报告了该事件。

（4）维修小组正在进行调查，以查明事件的根源。

（5）检查所有当前安装的灯具，看看是否需要更换。

（6）检查所有镇流器和连接处是否有过热迹象。

（7）用 LED 套件替换荧光灯。

某井队厨房餐厅着火事故

事故概述

2011 年 7 月 5 日大约 20:30 时，某钻井公司营地高级餐厅内的油锅发生起火，火焰蔓延至厨房的其他部分。后厨人员发现后启动了火警警报器。同时，现场的钻井班组人员也发现了营地的烟雾，并汇报给值班人员。当班组人员和电工断开电源并隔离厨房时，所有员工都向集合点集合并汇报。消防组使用灭火器和消防泵控制和扑灭大火，导致大量的便携式厨具和电器损坏。该事件存在潜在的人体灼伤或死亡风险。

事故原因

（1）油炸锅处于"开"的模式时无人值守。

（2）温控器发生故障。

（3）在没有适当的变更管理和培训的情况下修改了控制系统。

（4）厨房设备的检查不足，缺少预防性维护。

（5）后厨人员继续使用有故障的设备。

（6）对已知的故障和检查发现的问题没有及时整改。

（7）餐饮服务人员既未受过培训，也不熟悉井队的消防设备和应急预案，从而导致反应延迟。

预防措施

（1）在使用所有烹饪工具时必须有人值守。

（2）厨房用具应作为每周营地检查的一部分，并且营地应建立系统的故障报告程序。

（3）应有适当体系以涵盖营地设备。存在的故障和问题应采取整改措施，并跟踪它们是否及时关闭。

（4）系统发生故障的所有厨房电器，例如自动切断的恒温器，过热的安全装置等，都将立即停用并上锁（LOTO）。

（5）修订主营地火灾应急预案，并确保其有效可行，明确涉及的所有岗位和责任，并指定给能够及时应对紧急情况的人员，如厨师，服务员，夜间厨师等。

（6）要确保餐饮服务人员接受了足够的消防培训（包括实际操作），确保他们了解火灾应急预案中规定的角色和职责。

（7）确保餐饮人员和营地消防人员熟悉营地消防系统，熟悉警报和救生设备的位置。

（8）定期进行营地消防演习，并且演习的范围不仅限于紧急集合（包括模拟消防响应）。

（9）确保营地消防设备类型正确，放置在适当的位置并贴有标签，且厨房灭火系统的类型正确，并附有操作说明。

某单位仓库着火事故

事故概述

2019 年 7 月 12 号 10:13 左右，发现钻井承包商公司的 Ahmadi 维修仓库的窗式空调有烟雾向外冒。仓库中有备件，软管和皮带，仓库当时被锁着。工人试图进入仓库中灭火。但是，打开门时，烟雾太浓了，他们只能在门口使用灭火器。 联系 112 和 160，科威特国家消防局启动响应并扑灭了大火 。人员没有受伤，但仓库和相邻房间中的软管，皮带和发动机零件被烧毁。

首次观察到烟雾的地方

火灾后储藏室受损

相邻损坏的房间

事故原因

1. 直接原因

（1）使用年限长。

（2）电气保护设备未切断电源。

（3）没有声光警报，发现烟雾或火灾不及时。

2. 根本原因

（1）没有对仓库的整个电气系统进行正式的预防性维护。

（2）仓库中没有用于火灾探测的预警系统。

预防措施

（1）承包商制定并实施电气检查和维护计划，涵盖所有电气设备，用电器和配线。

（2）将在所有仓库 / 门廊中安装火灾探测系统。

（3）即将实施新的标准，其中明确指定使用分体式空调，而不是窗式空调。

某井队绞车电缆着火事故

事故概述

2000 年 2 月 6 日，起钻时，游车带着空吊卡在二层台位置，突然在绞车后面的一名钻工发现钻台下面着火了并大喊："着火了、着火了、着火了！"，司钻关井并切断了钻机电源。切断电源后，游车及顶驱开始不受控制地滑向钻台。司钻试图用刹把控制，但没有效果，游车继续下滑，但速度不快，吊卡碰到钻台后才停止，顶驱下行到顶驱轨道底部限位。当时幸亏没有员工在钻台上，所以才没有人受伤。

事故原因

1. 直接原因

绞车电缆着火，游车及顶驱不受控制地缓慢下滑到钻台上。

2. 根本原因

（1）可逆换向阀故障（卡在某个位置）。制造商制动系统的操作说明和图纸不清楚。

（2）需求规范不明确。

预防措施

更换新的可逆阀。将可逆阀添加到日常维护检查表中。根据国际标准，使用质量更好的电缆更换现有的电缆。厂家需要向井队相关人员提供制动系统的详细操作说明和清晰的图纸，并开展有关制动系统功能的专门技术培训。这种培训适用于钻井平台 PD799 和 800 以及新员工。

TRAFFIC ACCIDENT
交通事故
（共 15 例）

某井队搬迁过程中设备损坏交通事故

事故概述

2009 年 7 月，井架从老井场搬迁到新井场过程中，位于井架侧面的转盘底座栏杆撞到了一辆承包商的自卸式卡车。

幸运的是，在这次事故中没有人员受伤，转盘栏杆和承包商卡车驾驶室被损坏，井架搬迁耽误了三个半小时。

事故原因

（1）自卸卡车司机把车停得离马路太近了。

（2）监督监管不到位，搬迁监督没有指挥卡车司机把车停在远离公路的地方。

（3）卡车停止在道路旁时，井架拖车继续在移动。

预防措施

（1）拖车司机应遵循安全驾驶规定，在不确定障碍物之间的间隙时停止移动并下车观察。

（2）对运输监督和承包商拖车司机进行业务素质评估。

某井队搬迁过程中井架挂断电缆交通事故

事故概述

2019 年 2 月 5 日 8:30，BWD-130 队井架从 MG-326 (Magwa 油田) 搬迁至 BG-1450(Burgan 油田)，通过 Burgan 中心营地群附近的输电线时，井架顶部接触并挂断了一条架空输电线。当时立即通知了科威特电力和水利部。电力线路被 KMEW 恢复并保证了安全。BWD-130 队井架从输电线附近转移到安全区域。没有人员伤亡。

事故后果

资产损失，也可能导致人员受伤甚至死亡。

预防措施

搬迁前应对所行路段进行勘察，了解路况及周边环境，提前对障碍进行清除。

钻机位置在架空电力线下

BWD-130 在钻机道上的后视图

分开的架空电缆躺在地上

现场的 KMEW 维修团队

某井队搬迁过程中吊车挂断电线交通事故

事故概述

2017年1月，一辆升起吊杆（角度40°）的移动起重机正在从井场的泥浆罐区域向井场的主营地行进，行进路线上方有一根架空的电力线。另一辆起重机的操作员和叉车操作员大声鸣笛警告，但是该起重机操作员并没有听到。

起重机吊杆撞到并挂断了电线，电线掉下来搭在起重机上。

财产损失，搬迁停工，由于断电而导致其他设施运转中断，并有可能造成人身伤害或死亡。

事故原因

（1）起重机操作员忽略了所有的安全操作程序（吊杆升起，没有吊装指挥）。

（2）新井场中的架空电缆线的风险没有被识别。

（3）起重机超速行驶。

预防措施

（1）在钻前工程施工时，审查"井场最终评审表"协议并严格落实。

（2）修订井场搬迁检查表，包括对路线和井场上的重大危险的辨识。

（3）架空电力线。

（4）向员工强调，当他们看到任何违反安全的行为时，要及时制止并通知他们的主管。

某井队搬迁过程中设备挂断电缆交通事故

事故概述

2010年10月1日，201号钻机正在搬迁。卡车车队于12:30离开旧井场HRDH-681，前往新井场HWYH-1013，全程116km。车队队长根据搬迁示意图带领车队绕过前两处架空电缆。16:30左右在103.7km处，他没有带领车队绕过第三处架空电缆，车队继续沿着高速公路行驶到事发地点，头两辆卡车从电线下方顺利通过，第三辆卡车装载了大袋药品吊运架滑轨，撞到并挂断了标记103+875号的架空电力线。当即向沙特阿美报告，沙特阿美随后采取一切必要措施确保事件现场的安全，车队的所有行动都停止，道路封锁。该事件导致HWYH-GOSP#3和HYWH中心的WIP#1的电源中断，没有人员受伤。

事故原因

1. 直接原因

搬迁设备接触架空电力线。

2. 根本原因

（1）卡车车队队长在第三处架空电缆注意力不集中。

（2）钻机搬迁会议和道路勘测不符合S.A.钻机搬迁程序（HSE-008）的规定。

（3）搬迁示意图不规范。钻机搬迁前检查表中的设备最高值和间隙最低值定义不明确。

（4）未遵守GI 2.702超大负载管理规定。

预防措施

（1）所有改道应在改道前约100m的路线上进行物理标识。标志应至少为1m²，色彩鲜明可见，要在头批车队离开旧井场之前完成。

（2）根据钻机搬迁前检查表中的间隙最低值，调整悬挂的警示线高度。无法在警示线下通过的超高载物应在离开井场前拆除。

（3）钻前部门应重新评估和修订GI 2.702，使其期望和要求更清晰、明确。

（4）路线图缩略语应有图例来定义其含义。

（5）井场管理部门的GI程序，应更准确地对钻机搬迁路线进行评估。

（6）沙特阿美HSE领导小组将召集一个审查委员会，修订钻修井搬迁程序HSE-008，将GI 2.702中关于超大尺寸载物的内容以及该事件之后的其他建议纳入其中。

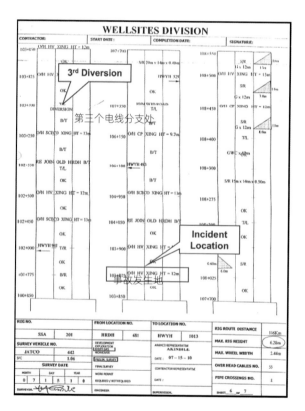

卡车上的大包吊运架

路面电击烧焦痕迹

某井队搬迁过程中车辆侧翻交通事故

事故概述

2019 年 11 月 24 日修井机由原 AH-0209 搬迁到 BG-0937。7:00 左右,装载着钻杆的承包商钻机搬运拖车(车牌号为 KT14/44688)在搬运过程中在 Malar 环岛处向副驾驶侧倾斜侧翻。司机被救护车送往 KOC Ahmadi 医院,在进行检查后转院至 Adan 医院做进一步检查。再检查后医生确认了伤者右手呈现发丝状裂缝同时接受了必要的治疗处理。随后在大约 17:00 时,伤者返回井场进行轻型工作。

此次事故造成人身伤害(RWC)和牵引车的轻微损坏(拖车右侧)。

事故原因

(1)车辆在拐弯过程中未控制好车速。

(2)搬迁运输中,安全监督人员监督不到位。

预防措施

(1)事故报告至 160。

(2)受伤人员被救护车送至 KOC Ahamdi 医院。

(3)生产管理人员到达现场。

(4)与钻井队召开安全会议。

(5)通过使用钻机搬运起重机,从事故现场拖回拖车。

某单位运输钻井液过程中车辆侧翻交通事故

事故概述

2011 年 7 月 22 日，泥浆服务承包商的一家分包商的真空罐车装载着 21 磅／加仑的油基泥浆，从井场返回科威特北部的泥浆厂途中，在 80 号公路 9km 处，为了避让一辆从沙漠区域突然进入主路的汽车，油罐车不慎翻倒在道路的一侧。

驾驶员没有受伤，但是约 7 桶油基泥浆溢出到道路上，且真空罐车的车头及油罐造成了严重损坏。

事故原因

（1）车速过快，处理不及时。
（2）对路况观察不仔细。

预防措施

将此事故立刻报告给州警察，KOC 紧急事件处理（106）、承包商及分包商的代表、州警察及应急小组立刻赶赴现场。他们在泄漏物上洒了水和沙子以遏制泄漏。在大约 8:30 时，油罐车被起重机移到了路边，道路交通恢复正常。油罐中可用的油基泥浆也小心地转移到另一辆油罐车上并带回了泥浆厂。

根据 KOC HSEMS 的程序，先进行调查，完成后将发布详细的调查报告。

某单位卡车侧翻交通事故

事故概述

2013 年 5 月 13 日，为在附近的道路上获取手机信号，一名卡车司机和 3 名乘客驾车离开营地。司机开得太快导致车辆在一个急转弯失去了控制，卡车侧翻后在路上翻滚了两圈。事故发生后司机和一名乘客设法逃出车厢，但另外两名乘客被困在后座。

侧翻导致一人死亡，一人背部受伤，两人头部轻伤。

事故原因

（1）井队人员未经允许离开营地。

（2）司机驾驶过快。

预防措施

（1）在离开营地驻地时需取得井队管理人员的允许。

（2）所有的司机必须遵守限速。

（3）所有的司机必须熟悉路况，并时刻注意危险，例如急转弯、盲点、可能跑到路上的动物等。

某单位运输钻井液过程中
车辆侧翻交通事故

事故概述

2018 年 9 月 1 日，一辆载着水基泥浆的服务商油罐卡车正从一个井场向另一个井场运送水基泥浆。在距离井场 130km 的位置，由于在沙丘道上打滑导致失控翻车。油罐卡车损坏。溢出的泥浆污染了土壤表层。

事故原因

（1）驾驶员未遵守交通规则。

（2）可能未进行油罐卡车的保养维护。

（3）驾驶员可能未遵守道路限速。

预防措施

（1）卡车司机必须始终遵守交通规则，包括道路限速。

（2）对卡车进行定期检查和维护保养。

（3）在特殊天气开车时要保持警惕。

（4）每次车旅之间要有足够的休息时间。

某单位油罐车侧翻交通事故

事故概述

两起交通事故，涉及同一家服务公司的重型卡车，其中两名驾驶员受伤。

事件一：

2016 年 9 月，油罐卡车将油基泥浆从 Shaybah 井场运往 Shedgum 井场。穿越沙漠道路后，油罐卡车进入了转弯道路。在行驶过程中，右侧轮胎突然爆胎，导致油罐卡车失去平衡并翻车。

事故原因

（1）车辆未做好日常维护保养。

（2）司机出车前未对车辆进行检查。

事故后果

（1）人身伤害。驾驶员遭受了轻伤，但是该事故有可能引发更严重的伤害（重伤或者死亡）。

（2）财产损失和环境影响（油基泥浆泄漏）。

事件二：

2016 年 10 月，卡车正将干水泥从承包商在 Udhaliya 的场地运往 Jizan 的井场。在去 Jizan 井场的路上，卡车司机在道路上急转弯，车辆失去了控制，导致卡车翻车。

预防措施

（1）日常应定期对车辆进行养护，按规定及时更换车辆部件。

（2）油罐车在沙漠路段应控制好车速。

某单位上井途中车辆侧翻交通事故

事故概述

2009 年 2 月 18 日，在检查完 MG0675 井后，分包商司机和他的同事驾车行驶在 Magwa 路上前往 AH-035 井。在驾驶中，车辆失控跌入了 GC22 西南方向近 AH-035 的管道沟内。车辆翻滚后停在了管线上，该事故造成了乘客面部轻伤及车辆损坏。

通知 160 并采取了急救，伤者被送往 Adan 医院进行进一步检查和轻伤治疗。

事故原因

根据 KOC HSEMS 的程序进行详细调查，安全警示以及经验教训在调查后分发。

预防措施

（1）司机必须始终遵守交通规则，包括限速和变换车道。

（2）对车辆进行定期检查和维护保养。

（3）在特殊天气开车时要保持警惕。

（4）每次车旅之间要有足够的休息时间。

某单位上井途中车辆侧翻交通事故

事故概述

2015 年 10 月 17 日，一名油井测试承包商的驾驶员驾驶着一辆帕杰罗前往 MG-346 进行油井测试工作。驾驶员 7:15 从承包商位于 Ahmadi 的营地出发，途中在拐弯时，车辆失控向右侧倾斜导致了翻车。该事故导致车辆严重受损，驾驶员受轻伤。

该地区附近的员工立刻向 KOC160 汇报。KOC 的救护车和消防车马上赶到了现场。随后伤者被救护车送到了 KOC Ahmadi 医院，又被转移到 Adan 医院接受全面检查。

事故原因

（1）车辆拐弯时，未将车速降至安全车速。

（2）司机日常培训不到位，安全意识不够。

预防措施

（1）司机必须始终遵守交通规则，包括限速和变换车道。

（2）对车辆进行定期检查和维护保养。

（3）在特殊天气开车时要保持警惕。

（4）每次车旅之间要有足够的休息时间。

某单位车辆撞人交通事故

事故概述

2019 年 3 月 26 日 16:05，一辆公司分配的车辆从 Malah R/A 开往 Magwa R/A，在距离 Magwa 主路 5.1km 处，撞倒了两名行人（正在路上转移交通锥 / 向路上的驾驶员挥旗警示）后，又撞上了临时停在左车道上的车辆。两名行人严重受伤，两辆机动车的驾驶员受到了轻伤。

事故原因

驾驶时注意力 / 精力不集中，对道路了解不足导致了本次交通事故。

（1）驾驶员技术不过关。

（2）驾驶员反应速度不过关。

（3）驾驶员对道路交通状况判断错误。

（4）防御性驾驶技术实施不充分。

（5）对监督及员工缺乏道路作业的基础技能培训。

（6）未能有效执行 KOC.SA.016- 安全驾驶流程和 KOC.SA.036- 道路安全施工实践程序。

预防措施

（1）根据 KOC.GE.028 和 KOC.SA.016，所有驾驶员（驾驶 / 将驾驶公司分配的车辆的 KOC 雇员和相关的承包商人员）应接受防御驾驶培训。

（2）车队主管应根据 KOC.SA.016 进行驾驶行为观察。

（3）所有承包商的雇员 / 监督都应被培训及评估正在施工道路的相关工作。

（4）管理团队应在现场建设之前，审查其承包商的计划，并确保其员工的能力，经验和知识。

（5）管理团队应根据 KOC.GE.012 确保对承包商的 HSE 进行充分的监督。

（6）应准备现场特定的工作安全分析（JSA），并确保在现场编制控制措施并传达给工作人员。

始终遵守 KOC 安全驾驶流程（KOC.SA.016）和在道路施工时的安全施工实践程序（KOC.SA.036）

某单位车辆急转弯侧翻交通事故

事故概述

2020 年 5 月 24 日下午，一名服务公司固井设备的技术操作人员来到井场处理水泥灰罐为泥浆作业做准备。完成工作后，该名人员驾驶 SUV 于 2020 年 5 月 25 日凌晨返回，由于天太黑导致了迷路。突然他观察到前方有一个沙丘，于是急转弯试图避开，导致车辆失去了控制向右侧侧翻。

事故原因

（1）疲劳而导致的注意力不集中。

（2）根据 KOC HSSE MS 程序进行详细调查，安全警示以及建议 / 经验教训在调查后分发。

预防措施

（1）马上联系了 KOC 紧急救援中心及直属上司。

（2）科威特石油公司紧急救援队前往现场并将伤者送至 Adan 医院。

事故后照片

某项目部通勤车交通事故

事故概述

2018 年 5 月 29 日中午,某项目部一辆载有 13 人的运输车(U5000)返回营地途中,被当地一辆满载西瓜的卡车(K120)迎面撞击,导致我方当地司机和 1 名车辆服务商人员死亡,3 名当地雇员受伤。

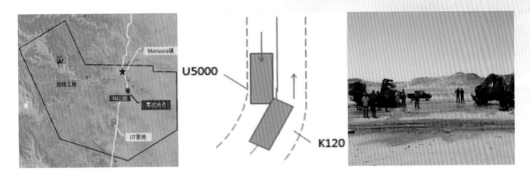

事故原因

(1)对方卡车占道高速过弯。出弯道发现险情时,由于超载导致惯性过大,无法快速将车体移回本车道,导致与我车相撞。

(2)我方驾驶员对前方路况及车辆行驶状况预判不足。

(3)事发时,正值斋月,穆斯林驾驶员因白天不饮不食,身体疲劳,反应能力下降。

(4)事故调查组实地观察:因整体地势为南高、北低(坡度 3°~5°),弯道外高、内低,90% 由南往北的弯道外侧车辆存在习惯性占道行驶行为。

预防措施

(1)杜绝疲劳驾驶、超速驾驶。

(2)日常加强对通勤车驾驶员交通法规和安全行车的教育,开展防御性驾驶技能培训,加强紧急情况下的处置能力。

(3)建立通勤车辆日常运行管理制度及员工乘车安全管理规定,提高员工交通安全意识。

(4)每台车出车必须指定随车安全监督员,对车内全员安全保护情况进行检查,行车途中密切关注道路突发情况,提前警示驾驶司机处置。

(5)斋月期间避免长途车,减少出车频次。

某钻井公司发生特大交通事故

事故概述

2018年4月1日,某当地钻井公司发生1起特大交通事故,造成15人死亡,3人受伤。当天中午,该公司刚下班的17名钻井队员工乘坐倒班中巴车离开井场,返回位于泥浆公司附近的营地休息,12:30左右,中巴车行驶在两个安全检查站的道路上,与迎面驶来的一辆大巴车相撞,造成中巴车上15名钻井公司员工当场死亡,2人轻伤,大巴车司机重伤。

事故原因

1. 直接原因

(1)违章操作。大巴车突然偏离车道逆向行驶,导致倒班中巴车避让不及,发生两车正面相撞事故。

(2)未系安全带。倒班中巴车乘员均未系安全带,猛烈碰撞导致人员脱离座位,多人被甩出车辆。

(3)超速行车。该路段限速80km/h,车辆超速行驶,发生碰撞产生巨大冲击力。

2. 根本原因

(1)油区道路上车辆较少,司机忽视交通安全风险,驾驶过程中注意力不集中,且车速较快。

(2)井队员工每天乘坐倒班车辆,无乘车系安全带的习惯,对交通安全态度漠然,普遍缺乏安全意识。

预防措施

（1）持续开展交通安全教育，提升员工交通安全意识。

（2）所有运行车辆安装限速和定位监控设备，严厉查处超速违章和偏离既定路线的行为。

（3）完善人员乘车管理规定，规定只要有人未正确使用安全带，司机禁止动车行驶，并形成发车检查单制度，由专人做安全提示并检查车况和安全带使用情况。

MOTOR VEHICLE ACCIDENT
车辆伤害事故

（共 4 例）

某井队叉车伤人事故

事故概述

2020 年 1 月 5 日 5:45，2 名井队员工（1 名场地工和 1 名钻工）准备一起拔出叉车两边叉子滑槽上的固定销子，钻工左手向叉车司机发指挥信号，右手去拔销子，场地工在另一边同时动作，叉车司机慢慢向前倾斜铲叉，突然听到钻工大叫起来，听到声音后，叉车司机马上向后收回前倾的铲叉，关掉引擎，下车查看情况，他发现钻工痛苦地抱着右手臂。叉车司机马上报告给了现场医生、甲方代表和带班队长。

钻工在现场急救后被送往 Jahra 医院，做了 X 光检查，诊断为右肘关节骨裂（右肱骨下头颈骨折），做了小手术打了固定螺丝。

预防措施

（1）召开了全员安全会议，着重分析了叉车的铲叉换铲斗调整的危险因素，强调了员工的安全意识。

（2）叉车只能用来叉装东西，禁止更换铲斗改变用途。

（3）KDC 公司被要求更换现场叉车，不允许使用这种可以转换液压工作方式的设备。

某井队搬迁过程中井架运输车辆伤害事故

事故概述

2015年5月，第三方运输拖盘车和肯沃斯超级卡车搬迁井架，当拖车行驶到柏油路上时，由于拖车轮胎螺栓断裂，拖车的右侧轮胎意外脱出轮毂，负载失衡致使肯沃斯超级卡车超载。结果卡车的两个右后轴都损坏了。

第三方运输拖车和肯沃斯超级卡车受到损害；井架结构没有损坏。对其他车辆的潜在影响。存在人身伤害的可能性。

事故原因

（1）卡车车轮螺栓损坏，表面有腐蚀和裂纹。

（2）运输卡车检查不充分。

（3）钻机搬运公司的预防措施不完善。

预防措施

（1）钻机搬运公司必须有效执行运输车辆的维护保养计划，其中应包括对运输拖车组件执行MPI标准检测和轮胎轮毂螺栓的MPI年度检测。

（2）钻井承包商要抽检钻机搬运公司的运输卡车；制定检查清单，在托运井架前验证拖车的完整性（外观检查，MPI验证，轮胎压力等）。

某井队设备拆装过程中叉车倾倒事故

事故概述

2017 年 10 月，在搬迁作业期间，叉车操作员试图举起游车（约 12t），叉车突然向前倾倒，所幸没有造成人员伤亡和财产损失。但可能造成人员伤害和财产损失。

事故原因

（1）工作计划和工作指示不充分。

（2）由于指挥沟通不及时，叉车操作员误解了指挥信号。

（3）叉车操作员未参加工作前安全会议。

预防措施

（1）井队管理者严格执行作业计划和作业指导程序。

（2）为叉车操作员提供岗位认证培训。

（3）确保所有井队人员都参加工作前安全会议。

某井队搬迁过程中吊车侧翻事故

事故概述

2013 年 7 月 23 日，钻机从 UTMN 1825 搬迁。准备用 DPS 吊车将立管撬 / 箱从陡坡路面的西侧入口移至更平坦的装卸区。吊车到位后，刹车突然失效，吊车沿坡路路面下滑，在陡坡路面尽头 90°翻转。吊车驾驶室一侧受损严重。吊车操作员的左臂和右肘轻微擦伤。

事故原因

1. 直接原因

吊车所有的制动液压油漏失（油缸被钢丝绳磨穿出一个孔），刹车失效导致吊车从陡坡滑下发生侧翻。

2. 根本原因

（1）井场设备存储区很小，需要将设备放置在有陡坡的路边。

（2）制动系统线路位于发动机缸体附近，检查（维护）不到位。

预防措施

（1）修改后期钻机搬迁计划，禁止在陡坡路面停放设备。

（2）检查其他 DPS 吊车是否存在类似的危险（制动系统线路太靠近发动机）。

（3）修改制动系统检查维护的频率为 1d，而不是制造商建议的 200h。

OTHER ACCIDENT
其他事故

（共 6 例）

某井队下钻过程滑跌摔伤事故

事故概述

2019 年 3 月 31 日 15:15，井队进行下钻作业，下入带有震击器的钻具组合，下入震击器后又下入 2 柱钻杆，这时震击器启动了震击，发出巨响，井口钻工受到惊吓，立即跑离转盘，惊慌中滑倒，摔伤了左手。

事故原因

（1）作业前未做 JHA 分析，对作业中的风险了解不到位。

（2）人员未做好日常的应急演练培训，遇突发事件时，应保持冷静，妥善处置。

预防措施

立即停止作业，现场医生对受伤雇员进行了急救，然后将伤者转送到 Jahra 医院。经检查后，被诊断为左手腕骨折，将接受进一步的治疗。

伤者重重地摔倒，导致左手腕骨折

某井队服务商滑倒摔伤事故

事故概述

2019 年 11 月 18 日 10:44,科威特北部 RA-445 油井,服务公司现场工程师正在进行调试。调试完成后,当现场工程师从油井工作平台下来时,在楼梯的最后一台阶滑倒了,导致右脚踝扭伤。

伤者的右脚踝扭伤。经 X 射线检查诊断为右脚踝骨折(侧踝)。

事故原因

(1)当事人下台阶时,未抓好扶梯扶手。

(2)现场工作人员应对扶梯卫生区域做好清洁工作,存在安全隐患。

预防措施

急救人员向伤者提供了急救,并由承包商代表将其转移到 Jahra 医院做进一步的医学检查和治疗。

某井队电控故障造成顶驱撞击井口油管事故

事故概述

2011年3月15日，某井队在连接好油管悬挂器转换接头后，下放吊卡降低管串高度，准备去掉缠绕悬挂器的保护胶带便于钢丝作业，油管接头坐好卡瓦后，打开吊卡，吊卡液缸复位，突然，顶驱快速下落1ft，顶驱上扣引鞋砸在悬挂器上，顶驱和游车的重量压在油管管串上，观察发现顶驱漏液压油，重启电源和钻机绞车，安全提起顶驱后，停止作业开始调查原因。造成损失：（1）损失时间；（2）可能导致人员受伤；（3）设备损坏。

事故原因

（1）控制系统指令紊乱造成钻机绞车电机转动方向错误，使得游车和顶驱下行砸在油管悬挂器上；

（2）司钻同时启动紧急制动（安全钳）与工作刹把（工作钳），导致发电机负荷过大被憋熄火，造成停电。

预防措施

（1）在交流电气控制系统中重新启动控制系统可以有效地降低控制系统紊乱的风险。因此，钻机每次起下钻作业前应该重新启动系统，特别是在关键操作之前。

（2）在下放顶驱时要释放绞车离合器，使顶驱即便在控制系统发生紊乱时也不会突然加速下行。

（3）按要求每天检查制动系统和控制系统的状况，确保没有设备故障。

（4）在钻机搬迁期间，按照制造说明程序，全面检查盘刹系统的模块状况和SCR电控系统的每个部件情况。

（5）在每次钻机搬迁期间清洁盘刹系统所有灰尘，并检查所有盘刹的工作密封情况。

某单位清理泥浆坑挖断电缆事故

事故概述

2018 年 12 月 23 日 16:21，OBM 处理厂工作人员抵达现场（AD-0075 井），将油基泥浆从泥浆池运输至工厂进行进一步处理。到达后，他们注意到一个沙堆（距离泥浆池约 5.5m）会阻碍他们的翻斗车通行，所以主管指示挖掘机操作员平整沙堆。第二天发现，连接到远离配电盘的 ESP 的三根地下电缆（即压力开关、检修开关和接地）被挖断，导致油井井口供电中断。

事故原因

1. 直接原因

（1）铺设深度为 0.15m 的地下电缆无警告标示。

（2）开挖前未进行开工前的调查。

（3）平整地面时，没有对挖掘机操作员和地面条件进行适当监督。

2. 根本原因

（1）电缆埋深未达到 KOC 标准文件规定的深度（编号：KOC-E-008，最小 0.75m）。此外，电缆无标示来确定电缆的位置。

（2）JSA 没有满足工前调查的要求。

（3）JSA 未解决所有潜在危险，如潜在电缆，需要进行充分监督。

预防措施

（1）所有电缆应按照 KOC 标准埋入，并做适当的标示。

（2）JSA 应包括工前调查要求，从现场到工厂运输 OBM 的所有可能危险，检查坑周围，根据需要进行备用路线调查等。

（3）JSA 应识别开挖的所有潜在危险，并包括施工过程中的监督和开工前的验收。

（4）员工需要接受 KOC 开挖安全程序方面的培训。

某井硫化氢溢出错关防喷器剪切闸板事故

事故概述

2010 年 11 月 4 日 23:30，钻机在 UTMN-1125 井，用清水钻进 6⅛ in 井眼至 hith 地层（6275ft 43°）的曲面段。井眼使用高黏度钻井液清扫，之后硫化氢报警。两名场地工穿上防护装备，司钻停钻，在关井时误操作关了剪切闸板而不是关闭环形或闸板防喷器，导致钻杆被剪断并下落 13ft。

事故原因

1. 直接原因

违反标准程序。司钻关了剪切闸板而不是关闭环形或闸板防喷器。

2. 根本原因

（1）缺少安全装置，剪切闸板控制盖没有销子防护。

（2）司钻业务能力不足。

预防措施

（1）为剪切闸板控制盖配备保护销。所有钻井关键人员参加防喷器模拟培训和能力评价。

（2）岗位晋升严格执行人员评价流程。

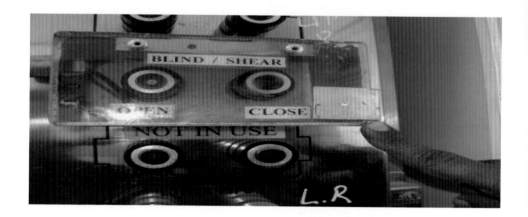

某单位检修过程中触电死亡事故

事故概述

2019 年 4 月 8 号，人工举升（AL）承包商接到控制团队的电话，要求检查 SA-562 井的 ESP 电路。AL 技术人员与他的工程师一起到达了该位置。该位置有两个接线板盒，一个用于 SA-562 井（已跳闸断电），另一个用于正在施工作业的 SA-246 井。工程师在 VSD（变速驱动器）面板上操作时，技术人员在接线板盒上修复电路，但是因为判断失误他接触的是 SA-246 的接线板盒而不是 SA-562 的接线板盒，导致其遭受电击触电并被甩出。

通知 160 和 KOC 救护车将受伤的雇员转移到北科威特诊所，医生宣布其死亡。

事故原因

（1）未在操作现场做好安全标识，导致误操作。

（2）技术人员安全意识不到位，应在操作前提前做好风险分析和识别，做好防范。

预防措施

（1）进行检查以确认现场使用了正确的电源插头类型。

（2）在现场卸下所有不兼容的电源插头。

（3）确认机组人员按照正确的电插头类型进行电插头的更换 / 修理。

（4）照片顶部的电源插头是在户外使用的原始插头，照片底部的电源插头仅限在室内使用。

OIL ENGINEERING SAFETY
ACCIDENT CASES

PUBLIC SAFETY INCIDENT

公共安全事件

（共 6 例）

某单位车辆行驶途中被抢事件

事故概述

2018 年 1 月 22 日大约 5:29，一名沃利帕森斯的员工在去往 KOC 一号北门的路上，公司车辆被抢，庆幸的是没有造成人员伤亡。

事故发生在他拐弯到去往 KOC 一号北门的 80 号公路上，一辆日产皮卡停在了路中间，两名男子站在车外。该员工只好减速，其中一名男子向该员工请求帮助将他们的皮卡车拖离道路。当皮卡车被拖离道路，该员工下车将拖车绳收起来的时候，一名男子跳进了员工的车内并开走了车，另外一名则独自驾驶他们自己的车驶离。该员工立刻拨打了科威特紧急号码 112 及沃利帕森斯的设备协调员。车辆被 IVMS 追踪到后发现在附近的沙漠中被烧毁。

事故原因

1. 直接原因

（1）该员工独自在天不亮时段驾驶车辆，并向陌生人提供道路救援而引发的潜在危险。

（2）驾驶员的判断力和评估不足，车辆无人看管。

2. 根本原因

对方是有计划的抢劫车辆，该员工缺乏对危险的警惕性，允许陌生人靠近自己的车辆。

预防措施

在提供道路帮助前考虑可能发生的危险。

某井队发生枪击事件

事故概述

2018年8月3号22:43，某钻井平台遭到不明武装分子袭击。值班人员听到枪声迅速拉响防海盗警报，全体人员迅速进入到安全屋，平台武装巡逻炮艇迅速就位巡逻警戒。项目部接到平台汇报后，立即启动突发事件应急程序，与壳牌取得联系，经过巡逻炮艇的搜索确认平台周围海面安全，无可疑船只。8月4号凌晨3:15，平台钻井监督接到指令，要求白班人员回房间休息，公共安全官和夜班人员在生活区内负责警戒。

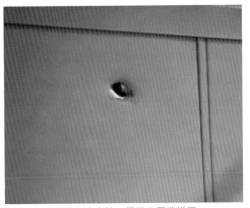

活动区内右舷二层至三层楼梯间

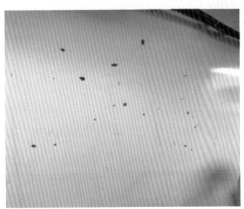

弹孔

事故原因

（1）甲方可能没有满足当地社区要求，社区施以警告。

（2）当地武装分子／海盗，偶遇平台，制造恐慌气氛，谋求政治诉求，不是针对施工人员。

预防措施

（1）持续强化日常综合培训和演练。重点加强平台中方员工的公共安全培训，认真组织学习宣贯公共安全应急预案各专项预案，让每位员工熟知平台除安全屋外的各个临时避难场所及应急安全通道，增强员工公共安全突发事件防范应对能力；平台至少每15d举行1次公共安全应急演练，按照预案要求，非本土员工听到公共安全警报时，需在5min内到达安全屋，如果不能到达，就近隐藏在舱室内的临时避难点。

（2）强化安防力量，完善安保设施。①壳牌增加了某平台的安保费用投入，由原来每月 25 万美元增加到每月 60 万美元，目前某平台的安防配备为：海军守护船 MV Abba（型号）：8 名武装士兵值班，9 名船员；海军守护船 MV Sea Angel 1（型号）：4 名武装士兵，5 名船员；海军守护船 MV Emmaneulla 3（型号）：7 名武装士兵，8 名船员。守护船日常保证有两艘始终在位，执行 24h 值守。另外，在平台有甲方公共安全官 2 名，德威安全官 1 名。②平台对安全屋及左右两舷栏杆进行钢板加固，从钻台到安全屋的梯子外侧也进行了钢板加固，钢板厚度由原来的 6mm 增加到 10mm。加固后的防护钢板可承受一百米外的轻武器射击，能够有效地保证我方人员安全。③加强对安保设施的检查和维护，保障设施的状态完好，所有监控系统正常，安全屋和中控室视频监控可监控九个区域，其中一个位于餐厅安全屋门外，另外八个分别安装在平台四角，每角各两个。配备有适用于白天、可云台操控焦距的摄像头和适用于夜间热成像不可调焦距的摄像头，摄像头可以水平 360°旋转，垂直可在一定角度进行旋转，保证无死角，安全屋内的视频可监控外部情况。④平台重新确定了 12 个临时避难点。紧急情况时，不能及时到达安全屋的人员，可迅速进入就近的临时避难点（避难点配备必要的瓶装水和食品）。⑤某平台每月举行一次应急医疗撤离演练，演练时，平台医生须拨通协议医院电话，检查联系电话是否有人值班，检验医疗救护演习和协议医院是否为待命状态。⑥井口平台施工完成后，通往采油树小平台的梯子立即收回。⑦加强平台员工活动范围管制，禁止员工到无遮蔽物的区域（飞机平台、舷边等）活动。加装舱室窗户隔光装置，防止灯光穿透窗户，避免成为被袭击目标。封死平台海水泵的井架，防止不法分子通过此路径登上平台。同时，在安全屋内安装一部专线电话和无线 WIFI 信号放大器，保障通讯畅通。

（3）积极与甲方高层沟通，加强社区关系处理。甲方表示会积极处理社区关系，在当地社区雇佣一部安保船，满足社区合理诉求。

（4）业主及其服务商建立了公共安全信息共享机制。经项目部协调，实现了与新一号平台业主壳牌公司的信息共享，壳牌项目经理定期（每周）与项目部联系，共享壳牌公司内部的公共安全信息。

（5）畅通了与社区联络官的信息渠道。通过社区联络官（1 个）搜集项目部及 2 条平台周边的公共安全动态，通过社交软件等（WHATAPP）与 HSSE 部值班人员及时沟通，HSSE 部筛选后汇报项目部领导。同时，项目部建有项目微信群可实现信息随时群发共享。

（6）与项目部驻地附近哈克特军区高层建立联系，每月邀请军方人员到项目部沟通交流，分享一些针对性的安全情报。

某井队新冠肺炎疫情事件

事故概述

2020 年 6 月 1 日 19：00，某井队平台倒班下平台 8 名中方员工乘直升机到达项目部基地，抵达时其中 2 人体温异常，1 人体温正常，但有轻微咳嗽，其他人员体温正常，身体无明显异常症状。同日，平台中方员工中又有 1 名员工体温异常，并伴有乏力，随即对其采取了单间隔离措施，4 日症状加重，经协调甲方，19:00 乘机下平台转运至医院诊疗。6 月 3 日，项目部以电话和邮件形式与甲方沟通，由疾控中心于当日完成平台所有 117 人的核酸检测采样。6 月 4~5 日，平台又有 2 名中方员工体温出现异常，随即对他们进行了隔离措施。6 月 16 日，壳牌通报：平台与壳牌生产支持船舶共核酸检测 147 人，已全部出结果。其中，平台核酸检测 117 人：阳性 88 人（含 6 名中方员工）、阴性 29 人（含 11 名中方员工）。截至 6 月 26 日，平台中方员工 25 人：核酸检测结果 3 人呈阳性，22 人呈阴性。除 1 人（轻微肌肉酸痛，服用左氧氟沙星）外，项目部其他 57 名中方员工体温、血氧饱和度正常，身体状态良好，境外员工及家属思想稳定。

血清检测

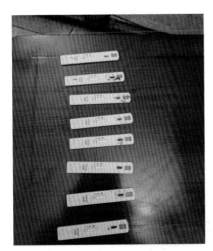

检测样本

事故原因

（1）由当地人员引起的输入性感染是此次事件的直接原因。①搭乘直升机人员上下平台过程中，部分人员没有严格遵守社交距离，或者护耳机等相关设施未进行严格消毒等。②上平台人员中有本身既是无症状感染者，通过平常的体温监测不能有效筛查，在到达平台后，在病毒潜伏的14d内传染给了其他平台人员。③平台附近生产支持船上的人员，根据钻井工况的要求，时常会登陆平台作业，工作中也不排除相互配合与平台人员有接触的可能性。

（2）平台大夫按照诊断惯性，未及时区分新冠肺炎和疟疾共存的病症，全作为疟疾病例，按一般普通病症医治是此次事件的间接原因。基于疟疾的误判，致使平台没有将零号患者（当地一名员工）及时隔离，也未采取相应的疫情应对措施，导致了平台上9名中方员工、79名当地员工被感染。

预防措施

（1）平台专业消毒及登陆平台人员管控措施：撤离平台所有人员后，雇佣专业消毒公司对平台彻底消杀。登陆平台人员必须到壳牌指定的隔离酒店进行集中隔离，隔离期间，对其进行核酸检测采样，检测结果为阴性者，才被允许登陆平台。

（2）平台人员往返集中隔离酒店途中管控措施：

①禁止搭乘公共交通工具或的士去隔离中心。

②转运车辆司机需与乘客保持安全距离，乘客一人一排，并且呈之字形就座。

③监控转运车辆司机14d内的健康记录。

④转运车辆在接人前后必须全面消毒。

⑤转运车辆司机必须按规定穿戴齐全防疫劳保用品，车上配有消毒洗手液。

⑥转运车辆司机禁止与乘客交谈。

⑦乘车时乘客行李须放在各自相邻座位上，不得混搭放置。

（3）隔离酒店管控措施：

①隔离酒店选址要在周围人员流动量较小处，隔离酒店作为隔离专用酒店不允许接待其他非隔离顾客。

②隔离酒店配备专职医生，随时监测人员的健康状况和体温记录（每天至少两次）。

③隔离期间，人员获许可离开酒店，回酒店后须重新开始计算隔离时间。

④隔离期间，人员未获许可，私自外出，则直接从该项目辞退。

⑤禁止任何人探访隔离人员。

⑥隔离人员须单人单间独居，禁止相互串门。

⑦隔离人员实行送餐制度。

⑧隔离酒店需配备专职清洁工，清洁工生活、工作范围须严格控制在酒店内，期间禁止外出。

⑨隔离酒店清洁工须穿戴齐全疫情防护劳保用品；房间清洁时，使用一次性手套和鞋套，一个

房间更换一次。

⑩上平台前，隔离酒店医生须完成对拟上平台人员的健康评估，评估不符合条件的不得上平台。

（4）隔离酒店到直升机机场的管控措施：

①直升机在接送完员工前，必须进行消毒。

②机组人员和地勤人员在上岗前要执行 14d 的隔离。

③所有人员在上飞机前须进行体温监测。

④隔离期间的医疗评估报告须提交给直升机公司。

⑤每天的生产会须评估直升机公司疫情防控措施的有效性。

（5）平台人员配合使用抗体检测：平台配备足量新冠抗体检测试纸和疟疾试纸，出现人员发热、咳嗽、乏力、肌肉酸痛等症状时，使用疟疾试纸的同时，配合使用抗体检测进行快速判断。发生人员抗体检测结果 IGM 为阳性时，立即上报，启动应急预案和防控措施，必要时启动医疗转运程序。

（6）平台施工现场管控措施：

①平台施工现场，停止人员聚集性会议，必要的会议以部门、班组、tool box 等小型方式开展，会议期间严格防范措施，控制参会人数，人员保持至少 1.5m 安全距离。

②员工减少与包括甲方、分包商、第三方等的所有外来人员接触。工作交流仅限于平台经理、安全官、司钻和医生。

③停止弃船演习和反恐演习，以桌面推演方式替代。

④将平台所有人员纳入监控（包括平台上班和在家休班的当地员工），暂停疫区拉各斯人员的倒班，每天至少两次监控当地员工的体温。

⑤在岗期间，所有人员按规定穿戴劳动防护用品，佩戴口罩。在岗未戴口罩者将被强制驱离井场。平台设立废弃口罩收集点，统一由井队医生进行消毒处理。

⑥平台每天对办公区、生活区进行消毒，每天对中央空调进风口清洁消毒工作。

⑦停止公共餐厅就餐，员工用餐一律采用配餐制，错峰取餐，员工取餐回宿舍或岗位用餐。厨房门口和办公室放置洗手液，做到常洗手。

⑧非必要人员禁止登陆平台。

⑨加强防疫信息和海报全面张贴和展示，确保全员传达学习。

（7）加强生产支持船人员上平台管控。禁止生产支持船人员上平台作业，督导壳牌制定详尽的生产计划，在平台人员需满足至少一个月的工况需求，并且保持平台总人数不大于 110 人，确保平台留有充足的隔离房间。

OIL ENGINEERING SAFETY
ACCIDENT CASES

某项目部营地附近车辆被追逐事件

事故概述

2018 年 11 月 3 日 11:50 左右，营地经理、电气师、司机长和巴基斯坦籍司机从新井画线完返井途中，在距离老井场大约 2km 处，从井队皮卡后方驶来一辆丰田皮卡车，内乘三名沙特人，待到两车基本并排后，坐在副驾位置的沙特人将手伸出窗外拦车问路，要求我方司机停车，营地经理见该车副驾驶人员将手缩回车内，似乎是想拿什么东西，感觉蹊跷，遂命司机加速驶离。驶离时，该车副驾驶已将手枪伸出窗外。营地经理要求我方司机继续加速前进，该皮卡尾随追逐我皮卡车大概 1km 后拐弯驶离。

事故原因

（1）属突发公共安全事件。

（2）我方人员未对可能发生的突发公共安全事件做好预想，风险意识不够。

预防措施

（1）现场人员禁止随意外出。

（2）临时执行双门岗制度。

（3）协调上报公司获取支持，已经上报。

（4）对现场倒班人员执行双车外出制度。

（5）多渠道收集信息对事件性质进行研判。

某项目部患病职工医疗送返事件

事故概述

2014 年 2 月 19 日，某项目部在 9 台钻机项目正进入设备验收、项目开工阶段，井队司机长突然感觉身体不适，请假休息，第二天感觉身体麻木、视力模糊、说话不清，项目部立即安排他到当地医院诊疗，并将这一突发情况逐级汇报。

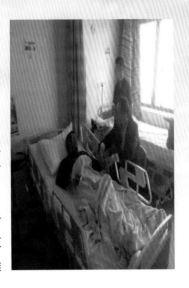

22 日，医院经过常规检查，未找到病因。考虑医疗条件、语言交流、当地大夫对中国病人的医疗经验等因素，项目部汇报上级同意后，决定将患者转回国内治疗。23 日，医院开具了"可以转回国治疗"的确认证明，项目部安排两名同志陪护回国。25 日 1:00，陪护人员从巴林打来电话，说航空公司认为患者身体条件不适于长距离空中旅行，将其强制带下飞机。情况紧急汇报到国内，外事局及海外中心领导要求立即联系国际 SOS，准备实施医疗送返。

项目部工程公司领导第一时间拨通项目现场电话，了解情况，安排相关单位首先安排好患者在巴林的医疗救治，决不能耽误病情。公司要动用一切可能的资源，在确保安全的情况下尽快将患者送返国内。26 日上午，工程公司组织相关单位召开患者家属见面会，答应家属全力以赴，把患病员工尽快接回国。项目部在巴林现场的护理小组尽一切可能落实最好的大夫，尽一切可能满足患者生活需要；海外中心负责境外协调，西南分公司负责境内接诊。

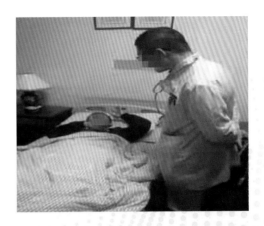

海外中心领导坐镇指挥，落实医疗运返事宜。一、分析各种可能，制定三套应急方案：在巴林医疗检查，视病情发展实施治疗；搭乘航班，由医护人员医疗运返；病情发展确有必要时，逐级上报后启动包机医疗运返。二是、外事部门立即给患者家属紧急办理护照和签证，做好随时前往巴林的准备。巴林现场和海外中心保持24h通信畅通，跟进病情发展，调整运返方案，及时通报相关领导、相关单位、当事人及家属。

26日16:35，海外中心组织国际SOS、患者家属召开三方电话会议，讨论运返方案。就送返时间、途中护理等细节逐一交流，患者家属经过慎重考虑，选择商务航班医疗送返方案。征得患者本人同意后，送返方案立即启动。28日1:15，从巴林医院传来好消息，主治医师通过核磁共振结果分析，没有肿瘤、血管破裂、梗塞等情况，身体状况符合医疗送返条件。患者精神状态明显好转，症状明显减轻。护理小组将患者在巴林医院得到的影像资料发回国内，患者家属得到极大安慰。

3月2日00:30（当地时间），在医护人员陪同下，患者登上航班。3月2日22:30，患者安全到达北京机场，立刻被救护车送至北京宣武医院，住进特护病房，医疗送返就此画上圆满句号。

事故原因

（1）项目部正值预开工阶段，工期紧，任务重，给职工身心健康造成了一定的压力。

（2）在国外时间较长，对人员心理方面造成一定影响，未及时进行心理疏导。

（3）未对员工日常的身体及心理健康进行监控，未能及时发现问题。

预防措施

（1）境外人员应定期进行身体健康的检查，日常对员工健康进行监控。

（2）人员心理健康调查与疏导也是保证员工能够在境外正常工作和生活的前提保障。

某项目部成功处理一起分包商员工传染病突发事件

事故概述

某项目部的一台VOLVO柴油发电机组需要进行大修，而当地公司不具备维修能力，需要从国内聘请工程师来开展维修服务。项目部在与国内分包商签订维修服务协议后，为2名工程师办理了签证等手续。2017年4月5日2名工程师到项目部进行发电机组维修作业。4月7日晚，其中一位工程师出现发热症状，体温37.5℃，起初认为是吹空调引起的感冒发烧，服用消炎和退烧药后，4月8日休息了一天。

4月9日中午该员工体温突然升至40℃，基地管理人员立即汇报给项目部，并按照指示将其送往就近医院，进行紧急退烧处理，但并未检查出具体病因。项目部领导对此事非常重视，随后与其进行了详细的交谈，从谈话中得知其半月前曾在非洲的加蓬共和国工作一段时间，根据这条重要的信息，结合其发病的症状，判断其很可能感染了"疟疾"。随后项目部立即启动公共卫生应急预案，按照"以人为本，安全第一、预防为主"的原则，要求尽快安排回国治疗，并做出如下要求：一是登机前注射退烧针，保证旅途中身体安全，防止进一步恶化；二是安排另一位同行的工程师一同回国，在旅途中加强照顾，以应对可能发生的紧急情况；三是帮助通知联系国内专门医院。经过项目部的周密安排，染病工程师于4月12日安全抵达北京，并在第一时间前往北京地坛医院进行检查，经过医院的化验检测，最终确诊为"疟疾"并留院治疗。

事故原因

（1）未对生活及生产区域定期进行卫生消杀，导致蚊虫过多。

（2）防范疟疾的意识不强，日常未做好自我防护。

预防措施

（1）项目部应备足杀虫剂和消毒液，对每一间宿舍、餐厅、办公室、工作车间等进行杀菌和消毒，防止其通过蚊虫叮咬导致疾病的传播。

（2）高度重视员工健康安全，不仅每月对中方及外籍雇员进行常规健康检查，每年安排中方员工国内体检，在当地对外籍员工进行健康查体，对于有传染病或身体条件不适合野外作业的中方员工予以劝退回国，外籍雇员予以辞退，减少健康安全风险；同时还加强对第三方服务商人员健康的监控，如果有异常情况，及时予以替换。

（3）应做好预防疟疾的日常健康防护培训及应急演练。